고양이는 왜 이러는 걸까?

한밤중 우다다부터
소변 테러까지,

**온갖 사고와 말썽에
대처하는 법**

고양이는
왜 이러는
걸까?

데니즈 자이들 지음
고은주 옮김

북카라반
CARAVAN

그림 출처

사진 대부분은 쿠르트 크라허가 찍었다. 그 외의 사진은 아네트 미르스베르거(127쪽), 킴 인드라 오엔(182쪽), 산드라 쉬르만스(243쪽), 타티아나 드루카(262쪽)가 찍은 것이며, 모든 사진의 저작권은 코스모스 출판사에 있다.

German title: Katzenprobleme. Hilfe bei Aggression, Unsauberkeit und Angst by Denise Seidl. Copyright © 2018 by Franckh-Kosmos Verlags-GmbH & Co. KG, Stuttgart, Germany, ISBN 978-3-440-15135-8

Korean language edition arranged through Icarias Agency, Seoul

이 책이 나오는 데 도움을 준 모든 사람과 고양이들,

항상 옆에서 긍정적인 에너지를 준 사랑하는 배우자 볼프강에게 감사합니다.

한결같이 지원해주는 가족에게 감사하고 사랑한다는 말을 전하고 싶습니다.

모든 관심이 고양이에게 쏠릴 때마다 참아주었던

우리 집 개 스노위에게도 고맙습니다.

마지막으로 모든 고양이를 대표하는

나의 첫 고양이 디바와 코코에게,

동물행동학 연구의 길을 열어주어서 정말 고마워.

서문

우아한 집고양이가 저지르는 온갖 우아하지 못한 사고들에 대해

집고양이의 역사는 파란만장하다. 약 3,000년 전 이집트에서 시작되었고 기원전 1600년까지는 이집트 외에 집에서 고양이를 기르는 곳은 없었다. 이후 이 풍습은 크레타를 거쳐 이탈리아 남부로 퍼진 후 로마제국으로 흘러들어갔다. 로마제국이 계속 확장하면서 기원후 400년에는 영국에서까지 집에서 고양이를 길렀다. 1000년경에는 유럽 전역의 집에 고양이가 퍼져나갔다. 하지만 그리스도교가 전파되고 이와 더불어 이단이나 마녀에 대한 재판이 행해지면서 고양이에 대한 감정도 급격하게 악화되었다. 고양이를 악마의 상징으로 여겼기 때문이다. 최근에 들어서야 고양이가 다시 사랑스럽고 소중한 반려동물이 되었다. 현재 유럽의 가정에는 개보다 고양이가 3배가량 많다.

고양이들이 살고 있는 생활환경은 각기 매우 다르다. 너른 공간에서 제약 없이 사는 시골 고양이는 본능을 마음껏 발현하며 행동해도 된다. 이와 반대로 도시 고양이는 공간이 크든 작든 집 안에서 평생을 친구도 없이 혼자 지내는 경우도 많다. 이와 관련해 콘라트 로렌츠Konrad Lorenz의 관찰 연구를 고찰해볼 필요가 있다. 그가 관찰한 찌르레기는 곤충이 하나도 없는 곳에 사는데도 작은 곤충을 포획해서 때려잡고 삼키는 일련의 행동을 취하곤 했다. 그 찌르레기는 꽤 오랫동안 곤충을 잡아먹을 일이 없었고, 실제로 입 안에 아무것도 없는데 곤충을 잡아먹는 시늉을 하고 있었다. 로렌츠는 여러 사례를 관찰한 결과 충동이나 본능적인 행동이 오랫동안 해소되지 않으면 본능적인 행동을 하는 시늉으로 에너지를 소모한다는 결론을 내렸다.

도시 고양이도 같은 상황에 처해 있다. 도시 고양이는 본능적인 행동을 아주 일부만 할 수 있다. 도시 고양이들이 사냥하는 시늉만 한다거나 대체물을 상대로 본능적인 행동을 취하는 것은 전혀 놀랍지 않다. 많은 고양이가 펄럭이는 바지 자락이나 왔다 갔다 하는 발을 사냥감 삼아 잡으려고 드는 이유도 바로 그것이다. 자극이 부족한 도시 환경과 다 해소되지 못한 본능적인 욕구가 도시 고양이의 행동 장애를 유발한다.

이 책은 동물의 행동을 전공하고 고양이의 심리와 행동에 대해

광범위한 지식을 갖춘 데니즈 자이들Denise Seidl이 썼다. 고양이와 좋은 관계를 맺으려면 고양이가 표현하는 행동을 이해해야 한다. 왜 말썽을 부리는지, 그걸 어떻게 해결할 수 있는지 이해하기 쉽게 설명되어 있다. 저자는 고양이의 평소 행동을 살펴보면서 고양이의 문제 행동이 생활환경과 관련된 것인지 살펴본다. 현재의 생활환경을 이상적인 생활환경과 비교해 문제 행동의 발생 원인을 알아보고 해결책을 찾아낸다. 영역 표시나 공격성같이 빈번하게 발생하는 문제 행동을 상세하게 설명하고 정상적인 행동으로 교정하려면 어떻게 해야 하는지 설명한다.

자이들은 고양이들이 보이는 문제는 대부분 간단한 방법으로 해결할 수 있다고 말한다. 주변 환경을 개선하는 것만으로도 충분한 경우가 많다. 공간을 바꿔준다든지 놀이 시간을 늘린다든지, 간단히 말해서 고양이의 삶의 질을 향상시켜주는 것이다. 이 책은 고양이의 행동을 더 잘 이해하고 고양이의 생활환경을 개선하는 데 큰 도움을 줄 것이다.

- 헤르만 부브나리티츠Hermann Bubna-Littitz(빈대학교 수의학과 교수)

차례

3장. 소변 '테러'가 시작되었다면

현명하게 난관을 극복하는 법

4장.
먹고 마시는 문제

고양이는
입맛 까다로운
사냥꾼

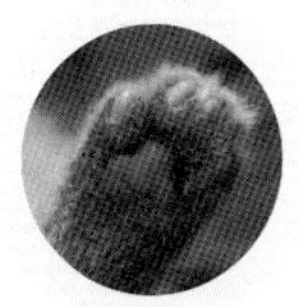

1장

지옥에서 온 고양이

사랑스럽지만
조금 미친 것 같은
고양이의 행동
이해하기

세상에 나쁜 고양이는 없다

고양이가 없는 삶을 상상할 수조차 없는 사람이 많다. 고양이는 독립적이고 사냥을 좋아하지만 사람이 사는 집으로 들어와 개를 밀어내고 반려동물 1위 자리를 차지했다.

사람의 집에 들어온 고양이

고양이가 사람과 함께 살게 된 역사는 마치 할리우드 영화 같다. 매력적인 주인공이 나오고 극적인 클라이맥스를 거쳐 행복한 결말로 끝나는 영화 말이다. 고양이는 고대 이집트에서는 해로운 동물의 사냥꾼으로 여겨져 신성시되었으나 중세 시대 사람들은 고양이를 악마와 손잡은 동물로 생각해 기피하고 내쫓았다.

17~18세기가 되자 고양이는 다시 사랑받게 되었다. 페스트를 옮기는 주범이었던 쥐가 빠르게 번식하면서 쥐를 잡는 훌륭한 사냥꾼이 필요했던 것이다. 이보다 특이한 역사를 거쳐 사람과 함께 살게 된 동물은 없을 것이다.

요즘에는 고양이가 선호하는 반려동물 목록 제일 윗자리를 차지한다. 부드러운 발로 사뿐히 걸으며 그르렁대는 동물이 가족의 일원이 되었다. 고양이를 보고 있으면 삶이 풍요롭게 느껴지고 스트레스가 풀리며 일상의 소소한 걱정을 잊게 된다.

내 삶에 고양이를 들이겠다는 생각을 진지하게 하고 있다면, 내가 동물을 잘 돌볼 수 있는 사람인지 스스로에게 질문해보아야 한다. 고양이는 기어오르고, 탐색하고, 관찰하고, 좁은 곳에 숨고, 사냥하는 본능이 있다. 그러므로 생활공간을 꾸밀 때 고양이가 올라갈 수 있는 높은 곳과 숨을 수 있는 장소를 마련해주어야 한다.

고양이를 기르는 데 드는 비용을 생각해야 하는 것처럼 매일 고양이를 돌보는 데 드는 시간과 여행을 가는 동안 고양이를 어떻게 돌볼지에 대해서도 계획을 세워야 한다. 반려동물을 맞아들일 사람의 앞에 기다리고 있는 것은 반려동물과 함께할 아름다운 순간만이 아니다. 가슴에 손을 얹고 깊이 생각해보아야 할 문제가 몇 가지 있다.

"내가 누군가를 영원히 책임질 수 있는 사람인가?" 고양이를 키우려는 사람은 앞으로 10여 년 이상 고양이를 책임질 준비가 되어 있어야 한다. 반려동물과 살겠다는 결심이 행복한 미래를 가져오는 결정이 되기 위해서는, 자신이 고양이에게 무엇을 기대하는지 알고 있어야 하고, 고양이의 욕구를 채워줄 준비가 되어 있어야 한다. 게다가 인내력, 공감 능력, 동물에 대한 지식이 있어야 종종 발생하는 문

이 세상에 같은 고양이는 하나도 없다! 고양이는 저마다 개성이 다르고 보호자에게는 유일무이한 존재다.

제를 해결하고 고양이와 조화로운 파트너 관계를 유지할 수 있다.

아기 고양이든, 다 자란 고양이든, 혈통 있는 고양이든, 보호소에 온 고양이든 모든 고양이는 세상에 둘도 없이 소중한 반려묘가 될 수 있다. 사랑과 존중을 받지 않아도 되는 고양이는 하나도 없다!

'품종묘'를 찾으세요?

고양이를 기르기로 결정했다면 그다음으로 하게 될 질문은 어떤 고양이를 데려올지다. 고양이를 좋아하는 사람에게 고양이는 출신과 관계없이 모두 매력적이고 사랑스럽다. 품종묘는 특정한 외모와 특성이 있는 반면, 흔히 볼 수 있는 집고양이(도메스틱 캣Domestic cat)는 깜짝 놀랄 만큼 다양한 특성이 담긴 패키지와 같다. 대부분 아빠 고양이가 누구인지 알 수 없고, 부모에게 어떤 유전적 특성을 물려받았는지도 예상하기 어렵다. 하지만 고양이를 사랑하는 사람이라면 앞으로 어떤 고양이가 될지 알 수 없다고 거부감을 느끼진 않는다.

어떤 고양이를 기를지 고민할 때 대개 예쁜 사진이나 과거의 기억을 떠올리게 된다. 어린 시절이나 과거에 같이 살았던 고양이가 이상적인 모습으로 각인되어서 고양이를 선택할 때 결정적인 기준이 되기도 한다.

품종에 따라 고르려고 해도 결정을 내리기가 그렇게 간단하지 않다. 침착한 브리티시 쇼트헤어, 온순한 페르시안, 활달한 벵골, 독특한 목소리로 잘 우는 샴고양이, 아니면 도메스틱 캣? 자신과 닮은 고양이를 선택할 수도 있고, 완전히 다른 고양이가 끌리기도 한다. 내성적인 사람이 적극적이고 자신감 있는 고양이에게 끌리기도 하고 외향적인 사람이 얌전한 고양이에게 끌리기도 한다.

아기 고양이 예쁘죠, 하지만 성묘는 어떨까요?

아기 고양이는 새로운 환경에도 놀면서 잘 적응하고 새로운 가족과 매우 빠르게 친해진다. 호기심이 많고, 분주하게 놀면서 빠르게 학습한다. 어설픈 동작으로 한시도 가만히 있지 않는 아기 고양이는 정말 귀여워서 보고 있으면 눈을 뗄 수가 없다.

직장에 다녀야 한다면 고양이들이 낮에 함께 놀며 시간을 보낼 수 있도록 두 마리를 키우는 것을 고려해보아야 한다. 그러면 고양이들이 새로운 환경에 더 쉽게 적응할 수 있다. 하지만 고양이 두 마리가 있더라도 매일 사람이 함께 놀아주고 애정을 주는 시간이 반드시 있어야 한다.

새끼 고양이들은 처음에는 24시간 지켜보아야 한다. 새끼들은 자주 먹어야 하고, 아직 대소변을 가리지 못하며, 엄청난 활동력으로 온갖 말썽을 부린다. 반면 다 성장한 고양이는 새로운 집에 적응하는 데 더 긴 시간이 걸릴 수도 있다. 특히 보호소에서 온 고양이는 여러 사람의 손을 거친 경우가 다반사고 나쁜 경험을 했을지 모르며 아직 치유되지 않은 면도 있을 수 있다. 그래서 어떤 고양이는 다른 고양이나 개, 어린이와 잘 지내지 못한다. 이런 경우에는 새 가족이 된 고양이가 최대한 잘 적응할 수 있도록 인내심과 공감 그리고 전문적인 지원이 필요하다.

성묘는 냉담하고 고집이 세며 조용히 지내는 것을 좋아한다고 알려져 있다. 성묘는 편안한 환경에서 한결같은 돌봄과 사랑을 받는 것을 좋아한다. 그래서 노인과 성묘는 서로에게 편안한 파트너가 되어 함께 일상을 보낸다.

암고양이? 수고양이?

일반적으로 암고양이는 제멋대로고 수고양이가 붙임성이 좋다고 한다. 하지만 고양이를 성별에 따라 일반화해서는 안 된다. 고양이는 저마다 고유한 성격이 있고 각 고양이의 행동은 대부분 환경의 영향을 받아 변화한다. 얼마나 애정을 주고, 신경 써서 돌보아주는지도 매우 중요하다.

하지만 짝짓기 시기가 되면 성별이 중요해진다. 중성화하지 않은 고양이는 보호자에게 부담이 되곤 한다. 짝짓기를 원하는 암고양이는 날카로운 소리를 지르며 수고양이를 부른다. 성숙한 수고양이는 자신의 영역에 오줌을 뿌리며 암고양이를 찾는다. 보호자가 새끼 고양이를 볼 생각이 없다면, 중성화를 시키는 것이 바람직하다. 중성화된 고양이는 짝짓기 스트레스를 겪지 않기 때문에 더 편안하게 산다. 보호자 입장에서도 원치 않는 새끼 고양이들을 책임져야 하는 부담을 덜게 된다.

고양이는 모두 다르다!

고양이의 품종에 따른 성격 특성은 대략적인 설명에 불과하다는 것을 유념해야 한다. 각 고양이는 고유한 개체이며 살아가는 동안 나름의 성격과 특성이 계속 발달한다. 고양이의 개성은 품종이나 혈통뿐 아니라 경험, 학습, 취향, 환경 등의 영향을 받는다. 게다가 그 과정은 고양이의 평생 동안 이루어진다. 특히 보호자의 성격과 생활 방식이 고양이의 행동에 가장 큰 영향을 미쳐 낯선 고양이를 보호자와 함께 살아갈 동반자로 변화시킨다.

고양이가 혼자라 외로워 보여요

고양이가 한 마리 있는데 친구를 만들어주려고 한 마리를 더 데려오고 싶은 보호자도 있을 것이다. 두 고양이가 앞으로 서로 이해하며 살게 될지는 고양이들의 성격, 친구가 있었던 경험, 사회적 욕구, 생활환경에 따라 다르다.

단란한 가정이 고양이들의 전쟁터가 되지 않게 해주는 이상적인 해결 방안은 없다. 모든 고양이는 각자 다 다르기 때문에 모든 면을 고려했는데도 새로 들어온 동료를 정말로 마음에 들어 하지 않을 수 있다. 동물 간의 우정도 공감 능력과 인내심을 기반으로 이루어진다. 이와 관해서는 108쪽 '새로운 고양이를 들일 때'에서 더 자세히 다룰 것이다.

아기 고양이+아기 고양이 🐾 아기 고양이는 같이 놀 동갑내기 친구가 있다면 매우 좋아할 것이다. 함께 탐색하러 다니고, 몸싸움하고, 달리기하고, 창가에서 서로 몸을 기대고 자면서 행복해한다. 나이가 몇 개월 정도 더 많은 고양이는 어린 고양이의 본보기가 되어준다. 어린 고양이는 큰 고양이의 행동을 따라한다.

아기 고양이+성묘 🐾 어른 고양이가 새 고양이를 맞아들이는 경

잘 지내려면 서로 존중하고 너그럽게 대하는 마음이 중요하다. 바기라와 심바는 진정한 친구 관계를 맺고 있다.

우라면, 아기 고양이는 대체로 아무 문제없이 받아들일 것이다. 나이가 많은 쪽은 자신의 지위가 위협받는다고 느끼지 않기 때문이다. 처음에는 버릇없는 아기 고양이에게 놀라고 낯설게 느끼더라도 암수 가릴 것 없이 보모 역할을 하곤 한다. 하지만 너무 성가시게 군다면 아무리 아기라도 따돌림을 당할 수 있다. 성묘가 이미 노령묘라면 어린 고양이가 새로 들어와 가족이 늘어나는 것을 달가워하지 않을 수도 있다. 노령묘는 편안히 쉬고 싶은 마음이 커서 활동적인 아기 고양이가 옆에 있으면 스트레스를 받기 쉽다.

성묘+성묘 🐾 성묘들을 함께 키울 때는 고양이에게 친구를 사귈 마음이 있느냐뿐 아니라 얼마나 포용력이 있느냐도 고려해야 한다. 어린 시절에 사회성이 충분히 발달되지 못한 고양이는 다른 고양이를 만났을 때 심각한 갈등을 빚을 수 있다. 어릴 때 친구가 있었던 고양이도 처음에는 낯선 고양이를 꺼리는 반응을 보일 수 있다. 갈등이 생기면 보통 새로 들어온 고양이가 제압당하곤 한다. 서로 원만한 관계가 되기까지는 어느 정도 시간이 걸린다.

새로 들어오는 고양이가 기존 고양이와 성별이 같은지 다른지는 서로 어울려 지내는 데 별 영향을 주지 않는다. 다만 암고양이 보호자들에 따르면 암컷들이 처음에 새 고양이에게 더 반감을 보인다고 한다.

고양이+개 🐾 새끼들은 종이 다르더라도 보통 처음부터 서로 잘 어울린다. 각인이 되는 시기에 여러 동물과 접촉해보았다면 적응이 더 쉽다. 개는 다른 개나 동물이나 사람에게 호기심을 느껴 다가가는 반면, 고양이는 몸을 사리고 남이 성가시게 치근거리면 피한다. 다른 종끼리는 서로 다른 신체 언어를 사용하기 때문에 뜻밖의 오해나 갈등이 생길 수 있다. 초기에 겪는 소통의 어려움을 극복하고 적절한 환경이 조성되면 개와 고양이도 한 가족이 될 수 있다. 이 주제에 대해서는 122쪽에 자세히 설명되어 있다.

고양이+소동물 🐾 고양이와 다른 반려동물의 우정이 불가능하진 않다. 하지만 다음 사항은 고려해야 한다. 고양이는 몸집이 작은 동물을 모두 사냥감으로 생각한다. 작은 동물이 도망가면 고양이는 사냥 본능에 따라 이를 맹추격하기 때문에 좋지 않은 결말이 날 수 있다. 기니피그나 햄스터 같은 작은 설치류는 계속 포식자를 두려워하고 긴장하는 스트레스 많은 삶을 살아야 할 것이다. 새장, 테라리엄, 아쿠아리움, 그 어디에 사는 동물이든 안전이 보장되어야 한다.

개는 가까이 다가가고 싶어 하지만, 고양이는 거리를 두는 것을 좋아한다.

Check list

나는 고양이를 키워도 될까?

고양이와 함께 생활할 준비가 되어 있는지 알아보자. 다음 질문에 모두 "예"라고 답할 수 있다면 고양이와 생활공간을 나누어 행복하게 함께 살 수 있을 것이다. "아니요"라고 대답한 질문이 있다면 그 항목이 고양이와 당신의 삶에 어떤 영향을 미치게 될지 깊이 생각해보길 바란다.

□ 인생 계획 오랜 시간 반려동물을 책임질 준비가 되어 있는가? 고양이는 평균 10~16년을 산다.

□ 가족의 동의 한집에 사는 가족 중 아무도 반대하지 않는가? 가족이 고양이 돌보는 일을 분담할 준비가 되어 있는가? 새로 들어올 고양이도 갑자기 식구들에게 익숙해져야 한다. 아이들이 동물 돌보는 일을 돕더라도 모든 책임은 언제나 부모에게 있다.

□ 정보 고양이를 돌보는 데 필요한 지식과 고양이의 섭식에 관한 지식이 있는가? 고양이에 대해 계속 배워나갈 수 있어야 하고, 문제가 생기면

전문가에게 도움을 요청할 준비가 되어 있어야 한다.

□ 알레르기 고양이를 데려오기 전에 미리 검사해서 고양이 알레르기가 있는지 알아내야 한다.

□ 시간 직업과 일상생활을 고려할 때 고양이를 돌볼 시간이 있는가? 동물을 키우는 것은 손이 많이 가는 일이고 동물에게는 사랑과 관심이 필요하다. 힘들게 일하고 돌아왔더라도 집에서 당신을 기다린 고양이는 놀아달라고 할 것이다. 고양이에게도 교육 시간이 필요하고, 고양이를 여러 마리 키울 때는 몇 배의 노력이 필요하며 한 마리 한 마리 신경을 써주어야 한다.

□ 휴가나 아플 때 아프거나 휴가를 갈 때 가족이나 지인 중에 고양이를 대신 돌보아줄 사람이 있는가? 고양이를 돌보아주는 전문 업체에 고양이를 맡겨야 할 때도 있을 것이다.

□ 생활환경 고양이에게 적합한 인테리어를 할 수 있는가? 창문과 베란다에는 안전망이나 울타리를 설치해야 한다.

□ 까다롭지 않은 성격 고양이 털이 여기저기 날리고, 고양이 화장실 모래가 바닥에 흩어지고, 가구가 긁힐 것이다. 이런 문제들을 감수할 수 있는가? 고양이가 문제 행동을 일으키면 이

해하는 정도에서 그치는 것이 아니라 그에 따라 해야 할 일도 늘어난다.

□ 경제적인 문제 사료와 간식을 사고, 편안한 잠자리를 마련해주고, 동물 병원에 데려가고, 보험을 들고, 장난감이나 여러 고양이 용품을 사는 데 매달 어느 정도의 비용이 드는지 알고 있는가?

□ 집주인의 허락 세를 들어 살고 있는 경우 고양이를 길러도 된다는 집주인의 허락을 받았는가?

□ 고양이의 친구 현재 기르고 있는 고양이가 없고, 들어올 고양이가 집 안에서만 생활하게 된다면, 두 마리를 함께 들일 것을 추천한다.

고양이가 말썽을 피울 수밖에 없는 이유

고양이의 행동에는 깊이 뿌리박힌 욕구가 있다. 모든 고양이는 본능적인 욕구를 충족시킬 수 있어야 한다. 은신, 관찰, 탐색, 사냥, 놀이, 영역 표시 같은 행동은 고양이의 행복에 중요한 역할을 한다. 고양이의 낮 시간은 휴식 시간과 격렬한 활동 시간으로 나뉜다. 집고양이는 하루 대부분의 시간을 잠을 자고, 털을 고르고, 밥을 먹으며 보내지만 자유롭게 돌아다니는 고양이는 많은 활동을 한다. 여기저기 쏘다니고, 나무를 오르내리고, 자기 영역을 탐색한다. 길고양이나 외출고양이는 집고양이가 경험하지 못하는 위험에 노출되어 있다. 예를 들어 다른 고양이와의 싸움, 그로 인한 부상, 전염병이나 기생충 감염, 독성 물질 접촉, 교통사고 등이다. 길고양이의 생활 방식과 영양

까끌까끌한 고양이 혀는 털을 고를 때 때밀이 수건, 빗, 브러시 기능을 모두 한다. 그루밍은 고양이의 본능적인 행동이지만 다른 행동을 차단당한 집고양이는 그루밍에 집착하기도 한다.

상태는 집고양이와 차이가 매우 크다.

생활공간의 크기 🐾 집 안에서만 사는 고양이에게는 최소 방 2개 이상의 공간이 필요하다. 한 마리당 숨을 수 있는 방 하나가 있어야 한다는 규칙도 있다. 고양이는 영역이 확장되는 것, 다시 말해서 큰 집에 사는 것을 좋아한다. 보호자가 작은 집으로 이사하거나 외출을 금지해 고양이가 익숙한 생활환경을 잃는 경우, 고양이의 삶에 문제가 생긴다.

삶의 질 🐾 네 벽으로 둘러싸인 활동 영역이 작을수록, 신경 써서 고양이에게 맞게 공간을 구성해야 한다. 집고양이 대부분이 겪는 가장 큰 문제가 지루함이다. 부족한 놀 거리와 시각적인 자극이 스트레스의 주요 원인이다.

사람과 고양이가 함께 원만하게 살아가려면 고양이에게 최적의 생활환경을 조성해주고 하루 일과를 규칙적으로 보내게 하며 놀 거리를 충분히 제공해야 한다. 밥그릇과 물그릇, 잠자리, 화장실, 스크레처, 빗, 장난감 같은 기본적인 고양이 용품을 갖추는 것은 물론이고 다양한 활동 영역을 만들어주어야 한다.

자유롭게 사는 야생 고양이가 자신의 영역을 돌아다니는 것처

사냥이나 놀이가 부족해 소진되지 않고 남은 힘이 있으면 신문을 찢는 등 사고를 친다.

럼 집고양이도 자신의 생활공간에서 활동할 수 있게 해주어야 한다. 고양이를 움직이게 하는 가장 좋은 방법은 밥그릇과 물그릇, 화장실, 스크래처, 잠자리, 캣 타워를 집 안에 적절하게 설치해 여러 영역에서 다양한 활동을 할 수 있게 하는 것이다.

사회적 관계 🐾 고양이는 사회적 관계를 맺을지, 그리고 언제 누구와 사회적 관계를 맺을지 스스로 결정한다. 하지만 사람의 집에서 사는 한 그것이 그렇게 간단하지 않다. 사람의 결정에 따라 다른 고양이와 함께 살게 되기 때문이다. 보호자는 고양이가 다른 고양이와 잘 지낼 수 있는지 즉, 사회화가 되어 있는지를 고려하지 않고 평생 같이 살게 될 고양이를 데려온다. 새로 오는 고양이 역시 사회화가 되어 있는지 알 수 없다.

다른 동물과 함께 사는 경우에도 보호자와 고양이의 관계가 행복한 묘생에 중요한 영향을 미친다. 보호자의 가족은 어떻게 구성되어 있는가? 어린이나 다른 동물이 있는가? 모든 가족 구성원이 서로 존중하는가, 아니면 자주 갈등을 빚는가? 매일 정해진 시간에 놀아주고 쓰다듬어주는가?

위에서 아래를 내려다보면 사냥꾼은 자신이 더 우월한 위치에 있다고 느낀다. 빠르게 사냥감을 공격할 수 있기 때문이다.

Check list

집고양이와 야생 고양이의 일상

집고양이

영역 집 크기에 따라 보통 35~120제곱미터

그루밍 4~5시간(하루의 20퍼센트)

먹는 시간 최대 1시간(하루의 4퍼센트)

활동(놀이) 최대 1시간(하루의 4퍼센트)

잠·휴식 최대 18시간(하루의 72퍼센트)

주변 환경 집 안에서만 사는 고양이는 변화 없는 환경 때문에 지루해할 수 있다. 그러므로 고양이의 삶의 질 향상을 위해 고양이가 적절한 활동을 할 수 있도록 많은 신경을 써야 한다! 일일 권장 놀이 시간은 5~10분 단위로 나누어 총 1시간 정도다.

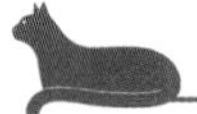

야생 고양이

영역 평균 8,000~5만 제곱미터

그루밍 2~3시간(하루의 12퍼센트)

먹는 시간 최대 1시간(하루의 4퍼센트)

활동(사냥) 6~8시간(하루의 29퍼센트)

잠·휴식 12~14시간(하루의 55퍼센트)

주변 환경 자유롭게 돌아다니는 야생 고양이는 주변 환경이 계속 변화해 지속적으로 위협적인 상황에 노출될 수 있다. 생활환경은 계절에 따라 변화하고 날씨가 가장 큰 영향을 준다. 야외에서 많은 활동을 하기 때문에 칼로리가 높은 음식을 섭취해야 한다.

우리 집 고양이는 왜 그럴까?

고양이에게 왜 그런 행동을 했느냐고 물어보았자 아무 대답도 들을 수 없다. 그래서 고양이의 성격과 행동 방식뿐 아니라 욕구를 알아야 한다. 그래야 고양이를 이해하고 고양이가 일으킬 수 있는 문제를 미리 예방할 수 있다.

고양이의 타고난 행동 이해하기

모든 보호자는 자신의 고양이가 어떤 성격이라고 이야기한다. 그 설명을 들어보면 똑같은 고양이는 하나도 없다. 고양이의 특성은 사람의 성격이 각자 다른 것만큼 다양하다. 고양이마다 각기 다르게 나타나는 고유한 심리적 특성을 '개성'이라고 한다. 각 고양이는 고유한 성격을 가진 개체이며, 성격은 유전적 요소뿐 아니라 생활환경에 따라 형성된다.

품종에 따라 성격도 다를까?

유전의 법칙에 따르면 자손은 부모의 특성을 물려받는다. 단순하게 들리지만 고양이의 세계에서 이 법칙은 처음부터 끝까지 꽤나 복잡하다. 묘생의 출발점에 고양이에게 어떤 형질이 각인되었는지 말하기는 쉽지 않다. 특히 아빠가 누구인지 모르거나 부모가 누구인지 모르는 고양이는 성격을 예상하기가 더 어렵다. 주로 자유롭게 사는 시골 고양이나 길에서 발견되는 아기 고양이가 이 경우에 해당한다. 뿐만 아니라 여러 수컷과 교미한 경우 한 배에서 나온 새끼들의 아빠가 다 다를 수 있다. 배란기에 여러 난자가 여러 수컷의 정자와 수정되면 서로 다른 새끼 고양이들이 태어날 수 있다.

도메스틱 캣(유럽의 경우는 유러피언 쇼트헤어, 한국에서는 일명 '코리안 숏헤어[코숏]'라고 불린다-옮긴이)은 보호자가 예상하지 못한 기질을 많이 갖고 있는 반면, 품종묘는 특성을 분류하는 것이 상대적으로 쉽다. 품종묘는 종마다 신체 특징이 있을 뿐 아니라 성격 면에서도 전형적인 특징이 있다. 기질과 외모 사이에도 관계가 있다. 다리가 길고 털이 짧은 품종은 외향적이고 매우 활기차다고 알려져 있고, 땅딸막하고 털이 긴 고양이는 온순하고 차분하다고 한다. 예를 들어 샴고양이는 자기과시적이고 보호자의 관심을 계속 요구하는 반면, 페르시아고양이는 느긋하고 온순하다고 한다. 하지만 일반화는 주의해야 한다. 품종에 따라 기술된 특성과 기질은 고양이에 대한 이해를 돕는 대략적인 길잡이에 지나지 않는다.

'행동'이란?

사람들은 흔히 타고난 행동, 정상적인 행동, 바람직한 행동, 부적절한 행동, 문제 행동 같은 말을 한다. 그런데 '행동'이란 무슨 뜻일까? 클라우스 이멜만Klaus Immelmann의 『행동 연구 사전Wörterbuch der Verhaltensforschung』을 찾아보면, "동물행동학에서 행동은 일반적으로 동물의 움직임·소리·자세를 비롯해 시각적으로 인지되는 신체 변화로서 상대방에게 의사를 전달하고 그와 더불어 상대방의 반응을 이끌어 낼 수 있는 것"이라고 설명한다. 동물의 행동은 동물이 환경에 적응하려고 하는 일이라고 이해할 수 있다.

고양이는 어떻게 배울까?

미숙한 아기 고양이가 자신감 넘치는 성묘로 자라나는 과정은 매 시기가 중요하다. 어미 고양이, 한 배에서 나온 형제들, 보호자가 아기 고양이에게 영향을 준다. 감동적이고, 인상적이고, 놀랍고, 두려웠던 모든 것이 아기 고양이의 기억에 남아 있다. 이는 보호자의 책임이 막중하다는 뜻이다. 생후 1개월이 아기 고양이의 행동 형성에 결정적일 수 있기 때문이다. 이 시기에 주의를 기울이지 못하면, 고양이

아기 담요는 어린아이만 사용하는 게 아니다. 아기 고양이도 아기 담요에서 탐색, 관찰, 사냥 연습을 하기 좋아한다.

사람의 손을 깨물면 안 된다는 것은 어릴 때부터 배워야 한다.

는 보호자가 가르치지 않은 것을 배우게 된다. 이 시기는 바람직하지 않은 행동을 배우는 때이기도 하다.

각인 🐾 고양이는 어린 시절의 경험을 특히 잘 학습한다. 야생에서는 몇 주 안에 스스로 살아갈 준비를 해야 하기 때문이다. 작은 아기 고양이는 목숨을 부지하려면 위험하고 우월한 상대에게서 도망가는 법을 배워야 하고, 안심하고 먹을 수 있는 것이 무엇인지 어미의 행동을 관찰하면서 알아내야 한다.

어린 시절에는 빠르게 학습한다. 이 '민감한 시기'에 학습된 내용은 상당히 오랫동안 지속되는데 이것을 동물행동학에서 각인이라고 한다. 아기 고양이는 생후 1개월 내에 삶에 필요한 것을 모두 배워야 한다.

고양이의 민감기는 평균적으로 생후 2주에서 7주, 또는 10주까지다. 이 중요한 시기에 경험이나 학습이 부족하면 성묘가 되어서 더 노력해야 만회할 수 있다. 민감기의 기간은 각 개체의 발달 수준에 따라 다르다. 동물도 '조숙한 아이'와 '늦된 아이'가 있다. 생활환경도 중요하다. 어미가 야생 고양이면 아기 고양이도 동갑내기 집고양이에 비해 사냥 기술이 앞서 있다. 어미가 5주째부터 먹이를 가져와 사냥 기술을 익히도록 가르치기 때문이다.

사회화 🐾 고양이 역시 사회화 시기에 사회적 능력의 기초가 마련된다. 이 시기에는 특히 놀이가 중요하다. 놀이는 사회성 발달은 물론이고 사회적 관계를 맺고 유지하는 데 뒷받침이 되기 때문이다. 놀이를 통해 다른 고양이와 어울리는 경험을 쌓고 공격성을 통제하는 법을 배운다.

같이 놀다가 친구를 물었을 때 친구가 몸을 돌리거나 앞발을 휘두르거나 같이 물려고 하면, 너무 세게 물었다는 것을 알게 된다. 이런 경험이 쌓이면 어느 정도로 물어야 하는지 파악하게 된다. 그렇지 않으면 친구가 놀이를 그만둘 것이다.

특정한 사회적 능력은 생의 특정 단계에 특별한 사회적 접촉을 통해서만 획득된다. 성장기에 소외되거나 방임되어 학습 경험이 결핍되면 정상적인 행동 발달이 이루어지지 못해 문제가 발생한다. 어미가 없거나 사람과의 접촉을 거의 하지 않고 자란 고양이는 대개 외톨이로 살며 주변 환경을 두려워하고 사회적 관계를 피하거나 단절한다. 지속적인 보살핌을 받아야 신뢰하고 존중하는 관계를 만들어 나갈 수 있다.

탐험 모드 🐾 탐색을 좋아하는 아기 고양이는 주변 환경에 호기심이 많다. 이런 아기 고양이는 학습 내용을 흡수할 준비가 되어 있는 셈이다. 처음 보는 것을 이 잡듯 뒤져서 탐색하고, 물었을 때 어떤 소리가 나는지 알아본다. 어미는 아기의 역할 모델이다. 어미가 아기에게 보여주는 것은 화장실 사용법만이 아니다. 아기 고양이는 어미의 행동을 보고 그대로 따라한다. 난생 처음 시끄러운 진공청소기를 본 아기 고양이는 어미의 행동을 흉내 낸다. 어미가 진공청소기를 무서워하지 않는다면, 아기 고양이도 진공청소기를 해롭지 않다고 생각할 것이다.

아기 고양이는 집을 여기저기 돌아다니며 탐색하다가 여러 가

안전하게 균형을 잡는 것은 고양이에게 재미있는 놀이다.

전제품의 소음이나 아이들의 떠드는 소리, 거리 소음뿐 아니라 흔들리는 커튼 같은 시각적인 자극이나 다양한 냄새에도 익숙해진다. 어릴 때 다양한 환경을 경험해볼수록 성묘가 되었을 때 자신감 있고 안정적인 성격이 된다. 그래서 고양이는 생후 2~10주 사이에 충분한 경험을 하는 것이 중요하다. 그 시기에 주변 자극에 가장 민감하게 반응하기 때문이다.

트라우마 🐾 고양이가 민감기에 나쁜 경험을 했다면, 그렇게 학습된 내용은 생애 내내 영향을 미치고 행동을 변화시킬 수 있다. 개와 다툰 경험이 각인되어 있다면, 개를 만날 때마다 부정적인 반응을 보일 것이다. 그 사건이 강한 정신적 충격을 주었다면 개가 공격적인 태도를 취하든 다정하게 다가오든, 우선 조심스럽게 기다려볼 생각도 하지 못하고 바로 도망가거나 공격하고 발톱을 치켜세우며 방어할 것이다.

모방을 통한 학습 🐾 아기 고양이에게 가장 큰 영향을 미치는 것은 관찰과 모방을 통한 학습이다. 고양이는 역할 모델을 따라 하거나 다른 고양이에게 감정 이입을 하며 간접 경험을 쌓는다. 예를 들어, 다른 고양이가 이동장 문고리를 눌러 밖으로 나오는 것을 관찰한 고양이는 같은 상황에 놓였을 때 이를 따라 해서 과제를 쉽게 수행한다. 첫 번째 고양이는 시행착오를 통해 과제를 해결했지만 두 번째 고양이는 첫 번째 고양이의 경험을 통해 문제를 해결하는 것이다.

이런 식으로 고양이는 사람이 어떻게 밥이나 간식을 주는지 배운다. 보호자가 간식 상자나 찬장의 문을 어떻게 여는지 보고 원리를 파악하는 고양이도 있다.

고양이가 보호자를 관찰한 후 스스로 찬장을 열고 먹을 것을 찾는다.

보호자의 성격이 고양이에게 미치는 영향

아기 고양이의 성격 형성에 영향을 미치는 것은 부모의 유전적 요인, 개체의 취향, 학습 경험만이 아니다. 생활환경도 중요하다. 매일의 삶이 고양이에게 각인된다. 환경 전체가 지속적인 영향을 미치고 당연히 고양이의 행동은 환경에 좌우된다. 매일의 사건 중 강한 인상을 남긴 것은 미래의 삶에 큰 역할을 하기도 한다.

특히 보호자의 성격과 생활 방식이 의식적이든 무의식적이든 함께 사는 고양이의 행동에 영향을 준다. 보호자가 수선스럽게 행동하거나 소리를 지르면 고양이는 은신처로 몸을 숨긴다. 반대로 보호자가 침착한 태도를 보이고 친절한 말투로 대하면 고양이는 보호자에게 다가온다. 놀 거리를 많이 제공해 고양이의 욕구를 충족시켜준다면, 활동적이고 행복한 고양이가 될 것이다. 기후 변화나 스트레스 상황에 따라 매일 달라지는 기분도 고양이의 성격과 활동성에 영향을 준다.

고양이가 스트레스를 받을 때

동물행동학에서는 스트레스를 '정상적인 정도를 넘어서는 환경 조건에 대한 생명체의 적응 능력'이라고 설명한다. 야생동물의 경우 신체적인 안녕이나 생명을 위협할 만한 극도로 위험한 상황이 스트레스가 된다. 이런 스트레스에 대한 반응으로 부신수질에서 아드레날린과 노르아드레날린을 방출한다. 신체에서는 다양한 변화가 이어진다. 심장 박동과 호흡이 빨라지고, 혈당 수치가 높아지고, 골격근과 뇌에 혈류가 증가함에 따라 위와 장의 활동이 둔화된다. 이렇게 신체가 준비되면 동물은 상황에 따라 빠르게 반응하거나 방어하거나 도망갈 수 있다. 이런 신체 반응은 야생동물과는 완전히 다른 스트레스를 경험하는 인간이나 집고양이에게도 똑같이 일어난다.

긍정적인 스트레스 vs. 부정적인 스트레스

단기적인 스트레스는 긍정적이지만 장기적인 스트레스는 정신적·신체적 손상을 입힌다. 고양이는 주변 사람들이 유발하는 스트레스를 느낄 뿐 아니라, 생활에서 접하는 요인들에 의해서도 스트레스를 받는다. 이 스트레스원이 사람에게 별로 중요하지 않으면, 보호자는 반려묘가 받는 스트레스를 의식하기 힘들다. 하지만 사소한 것이어도 오래 쌓이면 큰 문제가 될 수 있다. 지속적인 스트레스를 받으면 고양이는 불안해지고 짜증이 나며, 공격적인 반응을 보인다. 이런 반응은 다시 사회적 관계에 부담을 주고 삶의 질을 떨어뜨린다.

어떤 고양이는 스트레스 상황에 놓이면 공격적인 행동을 해서 상황을 통제하려고 한다. 어떤 고양이는 좌절해 상황을 피하려고 한다. 많은 고양이가 스스로 진정시키려고 지나치게 털을 고르거나 계속 음식을 먹는다. 계속 긴장 상태에 놓이면 놀이를 거의 또는 전혀 하지 않는다. 대소변 실수, 파괴적인 행동, 주의를 요하는 행동을 할 수도 있다.

스트레스를 피하는 방법

스트레스에 대한 민감성은 개체마다 다르고 심신 상태에 따라서도

고양이의 은신처는 고양이에게 안전감을 주기 때문에 보장해주어야 한다.

달라진다. 어떤 고양이는 소음에 취약하고, 어떤 고양이는 다른 고양이가 자기 영역에 들어온 것만으로도 실제적인 위협을 받는다. 보호자는 고양이가 스트레스를 느낄 때 도움을 주어 부담스러운 상황을 완화시켜줄 수 있다.

심리적·신체적으로 감당하기 힘든 모든 것이 합쳐져 스트레스가 된다. 고양이의 욕구를 충족해주는 적절한 환경을 조성해 스트레스를 피할 수 있게 해주어야 한다.

규칙적인 놀이는 치료의 기적을 일으키고 사람과 고양이 사이의 관계를 돈독하게 한다. 중요한 것은 균형 잡힌 일과다. 신체적·정신적 스트레스를 받고 있더라도 규칙적인 휴식 시간을 가져야 한다. 매일 정해진 시간에 먹이를 주고 놀아주고 털을 빗어주는 것으로 고양이에게 세상에 아무 문제가 없다는 의미를 전달할 수 있다.

에드문트는 상황을 관찰한다. 지금 나갈까 아니면 다시 숨을까?

Check list

우리 고양이의 스트레스는 어느 정도일까?

다음 중 반려묘의 현재 상황에 해당하는 설명에 체크하라. 체크하는 항목이 많을수록 고양이가 현재 스트레스를 많이 받고 있다는 뜻이다. 이 체크리스트를 정기적으로 이용해 고양이의 상태를 점검해볼 것을 권한다. 고양이가 느끼는 스트레스 요인이 무엇인지 파악하는 데 도움이 될 것이다.

□ 고양이가 만성적인 질병에 시달리고 있어서 자주 병원을 방문해야 한다.

□ 고양이가 아프다. 몸을 움직이기 불편하거나 지각 능력이 제한적일 때, 통증이 있거나 불편함을 느낄 때 스트레스가 발생한다.

□ 보호자가 집을 자주 비우고, 정기적으로 급식이 이루어지지 않는다. 집이 너무 춥거나 너무 더울 때가 있다. 배고픔, 갈증, 추위나 더위도 스트레스가 될 수 있다.

□ 고양이가 중성화 수술을 받지 않았는데 이성을 만날 기회가 없고 발정기에 있다.

- □ 고양이가 얼마 전 새끼를 낳았다. 새끼들에게 젖을 먹이느라 매우 지쳤다.
- □ 고양이가 조용히 쉬는 시간에 방해를 받곤 한다.
- □ 아기의 탄생, 가족 구성원의 사망, 결혼, 이혼, 새로운 개나 고양이 등 가족 구성에 변화가 있다.
- □ 보호자가 의식하지 못하는 살림살이의 변화. 예를 들어 고양이 화장실 모래를 다른 제품으로 바꾸거나 고양이가 좋아하는 잠자리를 다른 곳으로 옮기는 것 등이다.
- □ 고양이를 혼냈다.
- □ 보호자의 생활환경이 어수선하다(이사, 가족 간의 불화 등).
- □ 고양이의 주변에 음악, 텔레비전, 비디오 게임 같은 지속적인 소음원이 있다.
- □ 가정에 고양이와 잘 지내는 법을 아직 잘 모르는 어린이가 있다.
- □ 고양이가 정기적으로 캣쇼 같은 대회에 나간다.
- □ 보호자가 여행을 많이 하고 고양이를 데리고 다닌다. 자동차를 타는 동안 고양이가 울거나 구토한다.
- □ 최근에 인근에서 요란한 소리가 나는 불꽃놀이를 했거나 격렬한 폭풍우가 몰아쳤다.

□ 고양이가 친구도 없이 종일 혼자 지낸다. 보호자는 고양이와 자주 놀아 주지 않는다.

□ 함께 사는 고양이와 자주 심각하게 다툰다.

고양이는 왜 사고를 칠까

고양이가 불편한 마음을 행동으로 표현하면, 집안의 평화는 산산조각이 나고 보호자와 고양이의 관계는 수렁에 빠진다. 고양이가 말썽을 부린다고 망연자실할 필요는 없다. 보호자는 충분히 고양이의 행동을 교정할 수 있다.

고양이는 이유 없이 심술을 부리지 않아

고양이 한 마리와 함께 살 때 생길 수 있는 문제는 매우 다양하다. 고양이가 갑자기 화장실을 거부하며 집 여기저기에 소변으로 영역 표시를 하기도 하고, 보호자의 발목을 사냥감인 양 공격하기도 한다. 여러 마리가 함께 살 경우, 몇 년 동안 평화롭게 지내다가 갑자기 서로를 못 견뎌하기도 한다. 음식에 대해 까탈스럽게 굴 때는 어떻게 해야 할까? 고양이가 보호자에게 말을 걸듯 야옹거리면 무엇 때문인지 항상 이해하는가? 고양이가 그르렁거릴 때 편안한 상태인가? 고양이가 소파를 계속 긁는가? 계속 털을 핥는다면 스트레스의 원인은 무엇일까?

이번 장에서는 고양이의 가족 관계, 대소변 실수, 사냥이나 섭식 행동 같은 문제를 다룰 예정이다. 그 전에 몇 가지 개념을 설명하려고 한다. 다음 개념들이 잘못 사용되는 경우가 많기 때문이다.

첫 번째는 '고양이다운 행동'이다. 이는 고양이가 야생에서 보였을 법한 행동을 말한다. 고양이와 함께 사는 사람은 최대한 고양이에게 맞는 생활환경을 조성해주어야 한다. 보호자는 고양이가 자연에서 하는 본능적인 행동을 집에서도 충분히 할 수 있도록 신경 써야 한다.

'바람직하지 못한 행동'은 고양이답고 각 개체의 본성에 맞는 정상적인 행동이지만 사람에게는 방해가 되는 행동을 말한다. 바람직하다는 기준이 고양이가 아니라 사람에게 있기 때문이다. 마킹은 고양이의 정상적인 행동이다. 고양이들 사이의 의사소통을 위한 영역표시도 마찬가지다. 하지만 고양이가 발톱으로 가구나 카펫을 긁거나 바닥에 소변을 본다면 바람직하지 못한 행동이 된다.

'행동 장애'는 정상에서 벗어난 행동을 말한다. 하지만 어떤 행동이 소위 고양이의 정상적인 행동 안에 속하는지 결정하기는 거의 불가능하다. '정상'이나 '정상적'이라는 개념은 부정확하고 범위가 유동적이다. 심각한 행동 장애는 자극이 부족하고 좁은 집이나 정신적 외상에 의해 생길 수 있다. 동물도 연상 작용에 의해 과거에 두려움을 주었던 사물이나 사건에 계속 공포감을 느낀다.

'정형 행동'은 행동 장애의 일종으로, 목적 없는 행동을 반복하는 것을 말한다. 정형 행동은 다음과 같은 영역에서 나타난다. 털 고르기(과도한 그루밍, 털 뜯기), 먹기(털 먹기, 과식이나 과음), 시끄러운 소리 내기, 반복 행동(왔다 갔다 하기, 꼬리 실룩거리기), 환각(무언가를 본 듯 응시하기, 사냥감을 쫓거나 찾기), 꼬리나 발을 심하게 씹는 자해 행동이 가장 흔하게 발견되는 정형 행동이다. 고양이가 이런 행동을 하면 반드시 건강검진을 받아야 한다.

병원을 찾아가는 게 먼저!

고양이는 몸이 불편하면 평소와 다른 행동을 보인다. 그러므로 만약 고양이의 행동에 변화가 있다면, 그 원인을 사회적 관계나 환경에서 찾기 전에 병원에 방문해 병이 있는지부터 알아보아야 한다. 고양이가 건강하다면 보호자와 고양이 사이에 오해가 있는지, 또는 고양이의 행동에 대한 지식이 부족해 욕구를 만족시켜주지 못했는지 알아보아야 한다.

고양이도 교육시킬 수 있을까?

고양이의 바람직하지 못한 행동을 바로잡거나 교육을 시키려면, 고양이의 행동 방식과 사고방식을 이해해야 한다. 동물들은 특정 상황에서 얻은 경험을 비슷한 상황에 적용하지 못한다. 예를 들어 다음과 같은 상황을 살펴보자. 고양이가 계속 식탁 위로 뛰어 올라와서 보호자가 여러 번 식탁에서 몰아냈다. 보호자는 고양이가 탁자에 올라가면 안 된다는 것을 배웠을 거라고 생각한다. 하지만 고양이는 식탁은 안 되지만 거실 탁자는 괜찮다고 생각할 수 있다. 어느 탁자든 올라갈 때마다 혼난다면, 고양이는 그것이 보호자가 싫어하는 행동이며 적어도 보호자가 있을 때는 하지 말아야 한다고 배운다.

고양이를 교육한다는 것은 고양이에게 사람의 세계에서 어울려 살아가기 위한 지침을 제공한다는 뜻이다. 교육은 전적으로 보호자 하기에 달렸다. 고양이가 가정의 규칙을 이해한다면 함께 조화를 이루며 살 수 있다. 보호자가 너그럽다면 고양이는 재미를 느끼며 배울 것이다.

개를 가르칠 때와 같은 엄격한 훈련은 고양이에게 맞지 않다. 고양이는 자신이 평소에 생각하는 것과 맞지 않으면 명령에 반감을 느끼기 때문이다. 고양이는 고집스러운 면이 있지만 적응력도 있는 동물이다. 보호자 쪽에서 고양이의 성격을 존중해주면 고양이도 보호자의 요구를 받아들인다. 고양이의 욕구와 성격을 배려한다면 고양이는 보호자가 제안하는 지침을 기꺼이 따를 것이다.

주의할 점이 있다. 고양이에게도 보호자 자신에게도 인내심을 가져야 한다! 잘못된 행동을 바로잡는다거나 교육을 한다는 것은 '기계의 버튼을 눌러 조작하듯' 되지 않는다. 몇 번의 교육으로 고양이가 바로 달라지고 사람과 동물의 공동생활이 즉각적으로 순조롭게 돌아가지 않는다. 여러 가지 이유로 교육은 실패로 돌아가기 마련이다. 아무 성과가 없는 것 같은 불운한 날이 보호자에게만 있는 것이 아니다. 고양이도 우울하고 배우고 싶은 마음이 전혀 들지 않을 때가 있다.

종종 사람이 원하는 교육 목표가 고양이에게 이해 가능한 방식

스크래치는 다른 고양이에게
시각적·후각적으로 자신의 영역임을 알리는 표시다.

으로 전달되지 않거나 발달 단계, 질병, 스트레스 같은 여건 때문에 적용되지 않는 경우가 있다. 문제 행동을 바로잡는 것은 목표까지 아주 조금씩 진행되기 때문에 나아지는가 싶다가도 도로 제자리로 돌아오곤 한다.

칭찬은 고양이도 춤추게 한다

긍정적인 피드백을 통한 보상은 반려동물과의 생활에서 절대로 빼놓을 수 없는 것이다. 칭찬하거나, 애정을 표현하거나, 간식을 주는 것 모두 보상이다. 거의 모든 보호자가 긍정 강화로 어떤 행동이 바람직한지 고양이에게 전달한다. 어떤 행동을 해야 원하는 보상을 얻을 수 있는지 고양이가 이해한다면, 원하는 보상을 얻으려고 그 행동을 자주 할 것이다. 고양이가 바람직한 행동을 보이면 보호자가 교육을 잘했다는 뜻이다.

동물행동학 연구 결과에 따르면 보상은 행동 직후 1~2초 사이에 주어져야 한다. 그 시간이 넘어가면 동물은 보상을 자신의 행동과 연결 짓지 못한다. 중요한 것은 어떤 종류의 보상이 주어지느냐다. 동물마다 동기부여의 요인은 다르다. 간식을 좋아하는 고양이도 있지만 보호자의 사랑에 가장 만족을 느끼는 고양이도 있다.

보상은 보호자와의 관계를 강화한다. 대체로 칭찬이나 관심, 간식이 보상이 된다.

고양이를 혼내도 될까요?

어떤 경우에도 동물을 때리는 행위는 훈육에 포함되지 않는다. 올바른 처벌은 동물이 잘못된 행동을 할 때 놀라게 해서 그만두게 하는 것이다. 이때 두려움을 느끼게 하거나 부정적인 자극을 보호자와 관련지어 생각하게 해선 안 된다. 큰 소리로 박수를 치거나 열쇠 뭉치를 흔들어 짤랑거리는 소리를 내는 것 정도로도 충분히 잘못된 행동을 중단시킬 수 있다. 많은 보호자가 고양이에게 경고를 줄 때 분무기를 사용한다. 어느 정도 떨어져서 사용할 수 있기 때문이다. 하지만 고양이는 개체마다 소리나 물 같은 자극에 다른 반응을 보인다. 예민한 고양이는 두려움을 크게 느낄 수 있고, 보호자가 원하지 않는 연상을 할지 모른다. 처벌을 올바르게 적용하는 것은 어렵기 때문에 우선 긍정 강화를 사용해야 한다.

안 돼! 하지 마!

고양이가 바람직한 행동을 할 때 칭찬으로 강화하는 것처럼, 바람직하지 못한 행동을 했을 때도 1~2초 사이에 경고를 주어야 한다.

이는 반려견 교육에서 오래전부터 사용해오던 방법으로, 고양이에게도 적용할 수 있다. 잘못을 알려줄 때는 한 가지 명령어만 사용해야 한다. '안 된다'는 뜻을 전달하려고 할 때, "안 돼"라고 말해야 한다. "그만 둬"나 "하지 마"처럼 계속 말을 바꾸면 고양이는 헷갈리고 보호자가 원하는 효과를 얻을 수 없다. 고양이는 그 단어를 모두 이해하지 못하기 때문이다.

때론 무시하는 게 답

고양이는 밤에 시끄럽게 울거나 소란스러운 소리를 내면 보호자의 관심을 끌 수 있다는 것을 재빠르게 깨닫는다. 바람직하지 않은 행동이 시종일관 무시된다면 즉, 보호자가 아무 반응을 보이지 않는다면, 고양이는 어느 정도 시간이 지나면 문제 행동을 그만둘 것이다. 원했던 효과를 얻을 수 없는 '쓸데없는 일'이 되어버리기 때문이다.

무시하는 것도 해결책이지만, 그러려면 상당한 인내가 필요하다. 관심을 요구하는 행동에 무심코 관심을 보이면 이 교육은 순간 허사가 되고, 고양이는 원하는 게 있을 때 고집을 피우면 된다고 생각하게 될 것이다.

고양이 잘못일까, 보호자 잘못일까?

고양이가 계속 소파를 긁는가? 고양이에게 충분한 긁을 거리를 제공하지 않았기 때문일 수 있다. 고양이의 욕구를 충족시켜주는 환경을 갖추고 적절한 놀이를 해주면 바람직하지 않은 행동은 대부분 사라진다.

Check list

보호자와 고양이의 관계 점검하기

아래 사항 중에 한 가지에라도 '예'라고 대답한다면, 당신과 고양이 사이에는 문제가 있을 가능성이 높다. 반려묘에 대한 오해를 바로잡아야 한다. 고양이의 욕구를 인정하고 문제에 적절하게 대응해야 한다.

□ 고양이가 특정한 상황에서 자꾸 보호자를 방해한다.

□ 고양이를 자주 꾸짖는다.

□ 고양이가 불안해하고 긴장한다. 주로 은신처에 숨어 있다.

□ 고양이가 귀찮게 하고 뭔가를 요구하는 것처럼 서럽게 운다.

□ 때때로 고양이 화장실 밖에서 대소변 실수를 한다.

□ 집에 고양이가 여러 마리 있다. 종종 다툼을 벌이거나 한 마리가 다른 고양이를 쫓으며 집 안을 난장판으로 만든다.

□ 보호자를 물거나 할퀴어서 상처를 입힌다.

□ 고양이가 벽지나 가구를 뜯는다.

□ 고양이가 밤에 유령처럼 집 안을 돌아다녀서 잠을 잘 수 없다.

□ 고양이가 발목과 팔을 사냥감 취급한다.

□ 고양이의 행동이 달라졌다.

Interview

병 때문에 문제 행동을 할 때는?

미하엘 레슈니크Michael Leschnik 박사는 빈대학 수의학과 소동물 클리닉 구급 센터 센터장으로 내과·신경과·전염병 전문의입니다. 레슈니크 박사가 고양이의 문제 행동과 병에 대해 설명합니다.

Q. 고양이가 아플 때 가장 빈번하게 보이는 문제 행동은 무엇인가요? 병에 걸린 것을 알려주는 신호는 무엇인가요?

A. 대부분의 질병이 행동 변화를 동반합니다. 행동 변화가 유일한 증상일 때도 있습니다. 계속 제자리를 도는 것, 강박 행동, 벽에 머리 누르기처럼 아무 의미 없는 움직임은 보통 뇌 질환 때문인 것으로 분류됩니다. 그런 고양이는 잘 먹고 마시지 않고, 잠도 잘 자지 않으며, 사회적 관계도 무시합니다. 간부전도 행동 변화를 일으킵니다. 간이 해독하지 못한 독성 물질이 뇌에 도달하면 공격적인 행동과 기면증이 번갈아 나타납니다.

Q. 고양이는 아프면 어떻게 행동하나요?

A. 고양이의 아플 때 반응은 개와 다릅니다. 고양이는 아프면 몸을 숨기고, 매우 얌전해지고, 때로는 그르렁그르렁 소리를 내기도 합니다. 근골격계에 통증이 있으면 잘 뛰어오르지 않으며 자세가 달라지고 조용히 웅크리고 누워 있으려고만 합니다. 흉통은 빠르고 얕은 호흡으로 알 수 있습니다. 배 속이나 골반에 통증이 있으면 등을 구부립니다. 보호자가 쓰다듬어줄 때 통증이 더해질 수 있어서 공격성을 보이기도 합니다.

대소변 실금증은 신경 질환의 결과일 수 있습니다. 다른 원인으로 호르몬 불균형으로 인한 수분 섭취의 증가도 꼽을 수 있습니다. 방광염이 있으면 소변을 볼 때 통증을 느끼며 가끔 잘못인 줄 알면서도 보호자가 원치 않는 장소에 소변을 눕니다.

Q. 나이가 들면 고양이의 행동은 어떻게 달라지나요?

A. 나이는 고양이의 행동에 큰 영향을 미칩니다. 아기 고양이는 성장하면서 행동이 차츰 복잡해집니다. 기본적으로 아기 고양이는 충동적으로 움직이고 놀이를 하며 호기심이 왕성합니다. 이런 특성은 성묘에게도 있지만, 성묘는 기본적으로 새로운 환경을 느긋하고 편안하게 받아들입니다.

어릴 적에는 대담하게 점프할 수 있지만, 나이가 들면 소파나 캣 타워에 오르는 데 보조 계단이 필요하다.

10~12세부터 고양이는 노령기에 들어섭니다. 고양이 몸에 변화가 일어나고 이 변화는 행동에도 영향을 미칩니다. 기력을 회복하는데 더 많은 시간이 필요하고 뼈가 마모되어 다리를 덜 사용하려고 하기 때문에 잠자는 시간이 늘어납니다. 더 나이가 들면 치매에 걸릴 수 있습니다. 이유 없이 계속 울고, 무언가를 찾으러 의미 없이 배회하고 다니며, 밤에 소란을 일으킵니다. 그러다 갑자기 사람이나 물건을 알아보지 못합니다.

생의 단계마다 고양이에게 적절한 환경을 제공해야 합니다. 아기 고양이에게는 행동과 감각의 발달을 도와줄 적절한 자극이 필요합니다. 모든 연령 단계에 필요한 것은 휴식을 취할 수 있는 시간과 공간입니다. 아기 고양이는 짧게 자주 휴식을 취하고 나이가 들어감에 따라 휴식 시간이 길어지고 대신 횟수는 줄어듭니다.

Q. 중성화가 고양이의 성격에 영향을 주나요?

A. 중성화를 하면, 며칠 또는 몇 주에 걸쳐 고양이의 성호르몬이 점점 줄어듭니다. 따라서 호르몬의 영향이 줄어들고 이는 행동에 변화를 일으킬 수 있습니다.

대체로 중성화를 하면 고양이는 더 얌전해지고 식욕이 늘어나서 체중이 증가하기 쉽습니다. 나타나는 변화는 개체마다 매우 다르고, 문제 행동을 보이는 고양이가 중성화를 했다고 해서 행동이 교정되지는 않습니다. 중성화가 고양이의 성격이나 특성에 근본적으로 영향을 미치지는 않습니다. 고양이의 활동량이 줄어들면 고양이의 성격과 관련된 독특한 행동이 두드러지게 나타나지 않을 수는 있습니다.

2장

고양이의 소셜 라이프

예민하고
까탈스러운
고양이와
지내는 법

고양이와 커뮤니케이션 하기

의사소통은 모든 파트너 관계의 기본이다. 사람과 동물 사이에서도 마찬가지다. 고양이가 행동으로 표현하는 바를 잘 이해한다면 반려묘와 최고의 대화를 나눌 수 있다. 고양이의 요구를 이해해 관계 악화를 예방할 수 있다.

고양이는 행동으로 이야기한다

심리치료사이자 커뮤니케이션 학자인 파울 바츨라비크Paul Watzlawick는 다음과 같은 결론을 내렸다. "의사소통을 하지 않는 것이 불가능하다." 그의 말은 전적으로 맞다. 우리가 어떤 행동을 취하든 모두 상대방에게 의사를 전달한다. 행동 하나하나마다 정보가 교환된다. 수신자가 메시지의 내용을 이해하려면 발신자는 오해가 생기지 않게 표현해야 한다. 동물의 세계에서도 분명한 이해가 매우 중요하다. 상대방의 생각을 잘못 이해한다면 싸움이 일어나서 부상을 입거나 목숨이 위험해질 수도 있기 때문이다.

반려동물은 숙련된 행동 전문가라고 부를 만하다. 그들은 보호자의 몸짓과 목소리를 해석하고, 아주 작은 행동의 변화도 감지해 그에 맞게 반응할 수 있다. 그들은 인간과 의사소통하는 법을 배웠다. 어떤 때에는 우리가 그들의 의사를 잘 인지하지 못하는 것마저도 이해하고 배려해서 인간을 위해 분명하게 '이야기'하려고 노력하는 것 같다. 그래서 고양이가 우리를 항상 이해한다고 생각할 수 있겠지만, 그래도 역시 네 발 달린 동물이 사람과 같을 수는 없다.

고양이는 육상 육식동물에 속한다. 고양이에게 보여야 하는 태도는 품종, 나이, 건강 상태, 성격에 따라 다르다. 보호자는 개묘차에 따라 고양이의 요구를 충족시켜주어야 하고 존중하며 소통해야 한다. 일관성을 유지하는 것이 중요하다! 고양이의 입장에서 보호자의 신체 언어, 표정, 말투가 일치하지 않는다고 느끼면 상황을 잘못 해석해서 보호자를 오해할 수 있다.

의사소통의 4가지 방법

□ 시각적 신호(표정과 신체 언어)

□ 청각적 신호(음성 언어)

□ 후각·미각적 신호(냄새)

□ 촉각적 신호(신체 접촉)

몸으로 어떻게 말할까?

고양이는 귀부터 꼬리 끝까지 몸 전체를 사용해 의사를 전달한다. 그리고 어느 정도 떨어져 있을 때부터 상대방에게 자신의 기분 상태를 알려준다. 표현의 범위는 '기분이 나쁘지도 좋지도 않다. 또는 평온하다'부터 '친해지고 싶다', '불쾌하다. 위협을 느낀다. 공격할 준비가 되어 있다'까지 다양하다. 어떤 신체 표현 방식은 따로 설명이 필요 없다. 예를 들어 쉭쉭거리는 소리를 내며 이빨을 보이는 자세, 편안하게 이완되어 누워 있는 자세, 얼굴을 찌푸리고 등을 돌린 자세, 침대 밑으로 숨는 행동은 설명하지 않아도 알 수 있다.

고양이가 등을 아치형으로 구부리는 것은 불안감·공포·방어 준비 등 여러 감정이 겹쳐 있을 때다. 뻣뻣하게 굳은 다리로 달아날 것인지, 앞으로 달려들어 공격할 것인지 아직 결정하지 않았을 때 이런 자세를 취한다.

몸 전체의 윤곽을 크게 보이려는 모든 행동은 기본적으로 자신감을 의미하고 상대방에게 강한 인상을 준다. 등과 꼬리의 털을 곤두세우면 표현이 배가된다. 앞다리를 구부린 자세는 방어 준비를 의미하고, 뒷다리를 구부린 자세는 불안감을 표현한다. 동물은 두려움을 느끼면 남의 눈에 띄지 않으려고 몸이 작아 보이게 웅크린다.

고양이의 꼬리는 높은 곳을 걸을 때 균형을 잡는 데 사용할 뿐

꼬리는 기분을 표현할 뿐 아니라, 방향타 역할도 한다.

아니라 기분을 나타내는 지표다. 기분이 좋으면 꼬리가 올라가지만, 갈등이 생기면 심각한 정도에 따라 꼬리 표현이 달라진다. 갈등의 정도가 약하면 약간 실룩거리고 심하면 채찍질 하듯 크게 휘젓는다. 불안하거나 절망적인 상황에서는 꼬리를 몸 가까이에 붙이거나 다리 사이에 끼운다.

고양이의 표정 읽는 법

고양이의 표정은 매우 다양하다. 귀, 수염, 눈의 모양은 고양이의 기분 상태를 보여준다. 관련 상황을 고려해보면 고양이의 기분을 대부분 이해할 수 있다. 만족스럽고 평온한 상태면 머리를 쳐들고, 귀는 앞으로 향하며, 수염이 나른하게 옆으로 처진다. 화가 날수록 귀는 뒤로 넘어가고 수염은 똑바로 선다. 동공의 수축은 긴장하고 있거나 위협을 느낀다는 것을 보여준다. 반면 확대된 동공은 놀라거나, 두려움을 느끼거나, 방어 준비를 하고 있음을 표현한다. 하지만 동공의 크기는 빛의 양에 따라서도 달라진다.

이 사진 속 고양이는 지금 상당히 놀랐고 사진사에게 흥미를 느끼고 있다.

고양이가 내는 소리 이해하기

그르렁거리거나 골골대는 소리 🐾 고양이는 입을 다문 상태에서 골골거리거나 그르렁거리며 중얼거리듯 우는 소리를 낸다. '골골송'은 친구에게 친하게 지내고 싶다고 인사할 때도 낸다. 어미 고양이는 골골송으로 새끼들을 불러 모으고 짝짓기를 하려는 암컷 고양이는 골골송으로 수컷을 사로잡는다. 기본적으로 골골송은 마음을 열고 있다는 뜻을 전달한다. 아기 고양이는 젖을 먹을 때 골골대는 소리를 내는데 어미는 이 소리로 새끼들이 편안함을 느낀다는 것을 안다. 그러면 어미도 골골거리며 답을 한다. 사람과 함께 사는 고양이는 보호자를 신뢰할 때 기분이 좋다는 뜻을 골골거리며 표현한다. 하지만 골골송이 언제나 고양이가 건강하고 만족한다는 뜻은 아니라는 것도 유념해야 한다. 고양이는 불안한 상황에서 스트레스를 완화하거나 다른 고양이를 진정시키기 위해서도 골골거린다. 몸이 불편하거나 출산 진통이나 사망 순간의 통증을 느낄 때에도 마찬가지다.

미국 노스캐롤라이나주에 있는 파우나 커뮤니케이션 리서치 협회의 학자들이 관찰한 바에 따르면 골골송의 주파수는 20~50헤르츠로, 이 음파는 손상된 뼈와 조직의 치유를 촉진한다. 중얼대는 것 같은 골골송은 의사소통과 스트레스 해소 기능이 있을 뿐 아니라 자기 치유에도 도움이 된다.

사랑스러운 아기 고양이 에드문트는 필요한 것이 있으면 큰 소리로 표현한다.

야옹거리는 소리 🐾 고양이가 야옹 소리를 내려면 입술을 말아 올려야 한다. 한 소리에서 다른 소리로 넘어가거나 야옹 소리의 높낮이에 변화를 주는 식으로 감정과 기분 상태, 또한 감정에 따라서 무엇을 원하는지 전달한다. 고양이 보호자는 야옹 소리의 미묘한 차이를 식별하고 각 소리의 의미를 매우 빠르게 배운다. 모든 고양이가 샴고양이나 버마고양이처럼 수다스럽지 않고, 대부분은 조용히 사는 것을 더 좋아한다. 하지만 고양이가 야옹거릴 때마다 보호자가 반응을 보이고 쓰다듬어주거나 간식을 주면, 고양이는 그에 따라 수다쟁이로 변해간다.

흥분된 소리 🐾 두려움이나 통증이 있을 때, 짝짓기 할 때 등 흥분할 때 내는 소리는 낑낑거리는 소리, 으르렁거리는 소리, 푸우 하는 소리, 깍깍거리는 소리 등이 있다. 으르렁거리는 소리는 입을 닫은 상태에서 발성기관에서 나온다. 예를 들어 다른 고양이가 먹이를 놓고 싸우려고 들어 화가 나는 상황일 때 으르렁거린다.

으르렁거리다가 바로 하악 하는 소리를 낼 수 있다. 하악 하는 소리를 내고 침을 뱉어서 상대방을 위협하는데 제대로 하지 못하면 거의 효과가 없다. 상대와 거리가 유지되지 않으면 고양이는 앞발로 후려치려고 한다. 하악 하는 소리를 낼 때 고양이는 혀를 둥그렇게 말고 숨을 내뿜는다. 고양이의 얼굴에 입김을 불어본 적이 있는가? 그러자 고양이가 야단치듯 야옹거렸는가? 바로 그것이 하악질을 했을 때와 같은 표현이다.

말보다 중요한 것

생명체나 물체는 정보가 담긴 다양한 화학 성분을 발산한다. 호흡을 통해 그 분자가 코로 들어가고, 뇌에서 정보를 분석하고 이해한다. 이 작업은 몇 초 안에 빠르게 이루어지면서 중요한 정보를 파악한다.

고양이는 사냥감을 찾으려고만 냄새를 맡지 않는다. 음식이 괜찮은지 판단하려고 먹고 마시기 바로 전에도 냄새를 맡는다. 친구를 알아본다든지, 짝짓기를 할 때 같은 사회적 관계에서도 후각은 중요한 역할을 한다. 후각을 통한 의사소통은 융통성이 없다. 냄새에 담긴 메시지는 상황에 따라 바로 달라질 수 없기 때문이다. 하지만 오래 정보를 전달한다는 장점이 있다. 특히 정보 전달자가 그 자리에 없어도 전달될 수 있다.

턱과 뺨의 땀에서 나오는 냄새가 집을 편안하게 느끼게 한다.

고양이의 눈과 입 주위 그리고 뺨 부위에는 체취를 분출하는 분비선이 있다. 항문 양쪽의 항문낭에서도 냄새 정보를 만들어낸다. 이 분비선들은 자신만의 체취가 담긴 노폐물을 배출한다. 고양이는 이 체취를 다른 고양이와 보호자에게 전달한다. 야생 고양이는 자신의 냄새를 바위, 덤불, 건물의 벽 같이 눈에 띄고 수직으로 서 있는 곳에 남긴다. 서열이 높은 고양이는 대변을 높은 곳에 누어서 흙으로 덮이지 않게 한다. 그곳이 자신의 영역임을 표시하는 것이다.

말이나 소 같은 다른 포유동물처럼 고양이에게도 야콥손 기관Jacobson's Organ이라고도 불리는 서비기관이 있다. 비격막의 양쪽에 지름 0.2~2밀리미터 정도 아주 작게 들어간 부분에 있는 후각 기관이다. 이 기관으로 냄새를 맡으려고 윗입술을 말아 올리는데 이 행동을 플레멘 반응이라고 한다.

야콥손 기관의 감각세포는 특정 물질의 냄새 특히, 포유동물의 페로몬을 감지하는 데 특화되어 있다. 고양이가 특이하고 자극적인 냄새를 분석하려고 윗입술을 감아올리고 공기를 빨아들이는 모습은 정말 기이하게 보인다.

Check list

고양이가 하는 말 이해하기

□ 고양이의 언어를 배워야 한다!

□ 절대로 고양이를 노려보면 안 된다! 노려보면 고양이는 위협받는다고 느낀다. 고양이를 응시할 때는 눈을 깜박여야 한다. 이 행동은 고양이에게 미소와 같은 의미다.

□ 고양이의 반응을 관찰하라! 고양이에게 인내를 강요해서는 안 된다. 고양이를 쓰다듬는데 꼬리를 흔들고 귀를 뒤로 붙이기 시작한다면, 이제 그만 쓰다듬으라는 뜻이다.

□ 고양이는 '말'하고 싶어 하지 않는다! 혼자 있고 싶어 할 때 존중해주어야 한다. 아무하고도 접촉하고 싶지 않거나 두려움을 느낄 때 스트레스 없는 곳에 들어가 숨을 수 있다는 것을 고양이가 알고 있어야 한다.

□ 정기적으로 빗질해주면 보호자와 고양이의 관계가 돈독해진다. 부드럽게 쓰다듬는 것, 소파 위에서 함께 쉬는 것도 같은 효과가 있다. 매일의 놀이 시간도 관계에 긍정적인 영향을 미친다.

냄새로 이야기하는 법

"다 내 거야" 🐾 고양이가 다정하게 머리를 내밀고 빰을 비빈다면, 자기 소유임을 표시하는 것이다. 집에 돌아온 보호자에게 고양이가 빰을 비비며 인사하는 것도 보호자가 외부에서 묻혀온 낯선 냄새를 자신의 체취로 바꾸고 보호자가 자신의 영역에 속해 있음을 표시하려는 것이다.

냄새로 인식하기 🐾 동물 병원을 다녀온 후에 가정의 평화가 깨지는 일은 흔하다. 병원에 다녀온 고양이가 이동장에서 나오면 다른 고양이들이 맹렬하게 공격한다. 문제는 동물 병원에서 묻혀온 낯선 냄새다. 낯선 병원 냄새를 위협으로 느껴 공격하는 것이다.

냄새로 친해지기 🐾 같이 사는 고양이에게서 낯선 냄새가 나면 고양이는 스트레스를 받는다. 고양이들이 같은 영역에 속해 있다는 것을 인식하도록 담요나 방석 같이 고양이가 쓰는 물건을 서로 바꿔주면 도움이 된다. 양쪽 고양이를 번갈아 쓰다듬어주거나 수건 하나로 번갈아 문지르는 것도 한 방법이다.

불편한 냄새 🐾 더러운 고양이 화장실이나 독한 냄새가 나는 세

고양이가 발로 사람을 만지는 것은 간절히 원하는 게 있다는 뜻이다.

제나 소독약은 고양이에게 고역이다.

행복을 주는 인공 페로몬 🐾 고양이는 물건에 머리를 문질러 영역 표시를 한다. 그러면서 페로몬을 방출한다. 물건에서 자기 냄새가 나면 고양이는 편안함을 느낀다. 이사나 합사처럼 스트레스가 큰 상황이라면 화학적으로 합성된 페로몬이 든 심신 안정용 분무기를 구입해서 사용하는 것도 방법이다. 페로몬 분무기는 행동 치료 과정에도 도움이 될 수 있다.

몸으로 이야기해요

동물은 촉각으로도 의사소통한다. 신체 접촉으로 호의를 표현하고, 상대가 지금 스트레스를 받고 있는지 긴장 없이 편안한 상태인지 알아낸다. 사람과 동물도 마찬가지다. 쓰다듬고 어루만지는 것 같은 접촉뿐 아니라 빗질 같은 관리도 중요하다. 신체 접촉은 보호자와 고양이 사이의 유대를 강화하고 신뢰를 다진다.

고양이가 보호자의 무릎 위로 뛰어 올라와 팔이나 허벅지를 앞발로 반죽하듯 누를 때가 있는데, 이를 흔히 '꾹꾹이'라고 한다. 꾹꾹이는 고양이가 어린 시절에 들인 습관에서 비롯된다. 아기 고양이가

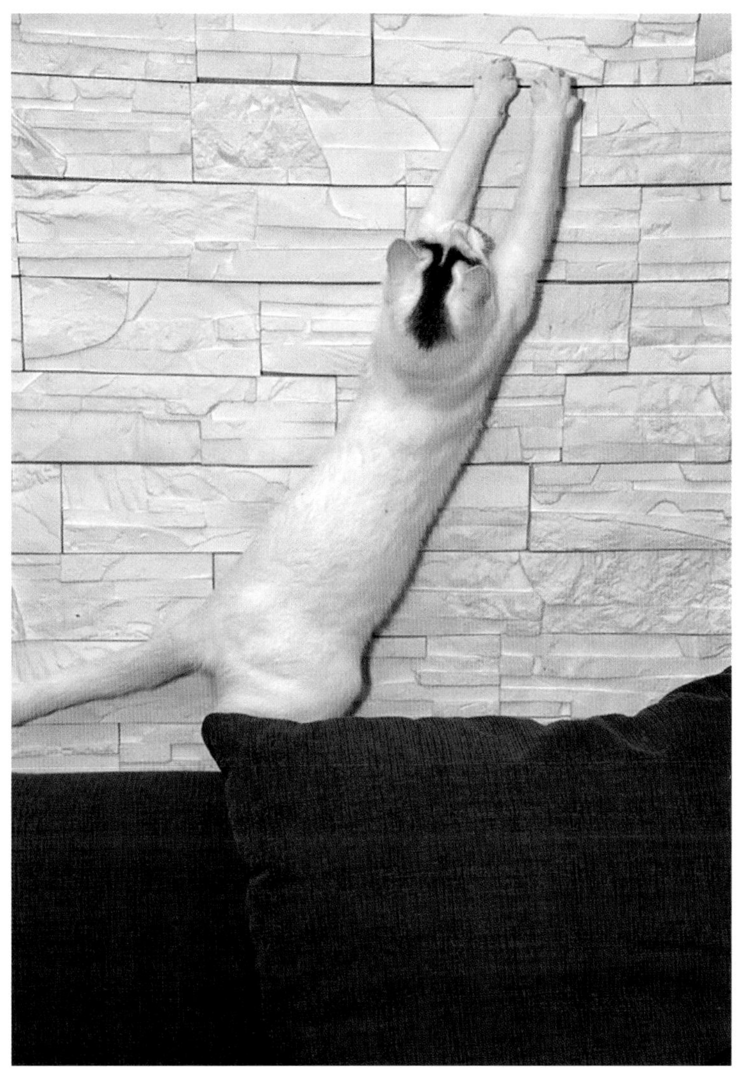

몸을 쭉 펴고 발톱을 갈면 자신의 냄새가 남아 편안한 기분을 느끼게 된다.

엄마 젖을 먹을 때 젖을 잘 돌게 하려고 했던 행동이다. 고양이가 보호자에게 꾹꾹이를 한다면, 아주아주 행복하다는 뜻이므로 기쁘게 받아들여도 된다. 개도 함께 기르는 사람은 개가 앞발을 내미는 것이 고양이의 꾹꾹이와 같은 것인지 궁금해한다. 개가 사람에게 앞발을 내미는 것은 친해지고 원만하게 어울리기를 바라는 마음을 표현하는 것으로, 관심을 달라는 뜻이다.

발톱으로도 이야기해요

발톱을 다듬는 것은 고양이가 매일 하는 중요한 몸 관리 중 하나다. 고양이와 함께 살면 온갖 물건에 간과할 수 없는 자국이 남기 마련이다. 물건을 긁으면 발톱의 오래된 겉껍질이 벗겨지면서 새로운 발톱이 나오고 발 근육이 단련된다.

물건을 긁는 것은 영역 표시 행동이기도 하다. 긁은 자국과 냄새를 남겨 자신의 영역이라는 것을 시각적·후각적으로 알린다. 발톱으로 긁을 때 앞발의 땀샘에서 분비물이 배출되어 긁힌 자리에 냄새가 묻는다. 이것은 고양이의 명함 같은 것으로, 다른 고양이에게 자신의 인상을 강하게 남기고 내 영역에서 멀리 떨어지라는 메시지를 전달한다.

보호자의 물건을 할퀴면 가정의 평화가 깨진다.

자연에서뿐 아니라 집에서도 고양이는 뭐든 긁으려고 한다. 어떤 고양이는 수직으로, 어떤 고양이는 수평으로 긁기를 좋아한다. 고양이에게 알맞은 스크래처의 종류와 위치는, 고양이가 어디에서 발톱을 가는지 또는 어떤 모서리를 골라 긁는지 관찰해보면 알 수 있다.

고양이가 이곳저곳을 긁고 다닌다면, 보호자와 고양이의 관계에 위기가 시작될 수 있다. 고양이는 보호자가 아끼는 가죽 소파를 긁으면 더 눈길을 끌 수 있다거나, 보호자가 고양이의 관심을 돌리려고 간식을 주는 것을 빠르게 눈치챈다.

고양이가 소파를 스크래처로 선택한다면, 보호자는 당분간 소파를 담요로 덮어놓는다든지 해서 고양이의 마음에 들지 않게 해야 한다. 그리고 소파 옆에 스크래처나 캣 타워를 놓아 고양이가 소파 대신 긁도록 유도한다.

그리고 맘껏 긁을 수 있는 다른 것이 있다는 것을 알려주어야 한다. 보호자가 먼저 스크래처나 캣 타워를 긁으며 재미있다고 표현한다. 고양이는 호기심이 많은 동물이라 보호자가 왜 그렇게 재미있어 하는지 알고 싶어서 똑같이 하려고 들 것이다. 보호자가 지정한 물건을 고양이가 긁기 시작하면 크게 칭찬해주어야 한다.

다른 방법은 캣닙(개박하)을 스크래처에 문질러서 고양이가 향기에 이끌리도록 하는 것이다. 고양이가 새로운 스크래처를 이용하기 시작하면, 그 스크래처를 매일 10~15센티미터씩 목표 지점을 향해 이동시킨다.

캣 타워

계단이 있는 안정된 캣 타워는 오르기, 숨기, 관찰하기, 긁기 등 많은 욕구를 만족시켜준다. 고양이는 3차원의 공간을 좋아하고 자신의 영역을 내려다보고 싶어 한다. 캣 타워가 창문 옆에 있으면 바깥 세상을 볼 수 있고, 고양이의 눈에는 자신의 영역이 넓게 느껴진다.

고양이의 대인관계와 대묘관계

고양이가 새로운 사람이나 고양이와 갈등을 일으키는가? 가족 구성원이 변하면 모두가 영향을 받지만 특히 고양이에게는 그냥 지나칠 수 없는 일이 된다. 포용과 세심한 배려가 새로운 상황을 극복하는 데 도움이 된다.

새로운 고양이를 들일 때

집에 살고 있는 고양이와 잘 어울릴 '두 번째 고양이'를 찾는 일은 쉽지 않다. 중요한 것은 고양이들의 사회화 수준이다. 다시 말해서 어릴 적에 다른 고양이들을 충분히 사귀었는지의 여부다.

고양이는 개인주의자다. 모든 면을 고려해서 새 고양이를 들였는데도 고양이들끼리 서로 인사도 안 하고 살기도 한다. 이와 관해서는 114쪽을 참조할 수 있다. 고양이는 예민한 동물이다. 고양이는 자신의 영역에 특별한 의미를 부여한다. 고양이는 자신의 영역에서 안전하다고 느끼기만 하면 자신감을 갖고 안정된 분위기를 발산한다.

새로운 집에 가는 것이 고양이에게는 나이와 관계없이 살을 에

새로운 집, 새로운 생활! 익숙해지는 과정에는 모든 가족 구성원의 인내와 이해가 필요하다.

는 듯한 경험이다. 이전의 삶을 기억하게 해주는 것은 하나도 없으며 주변 환경, 소리, 냄새, 사람, 다른 반려동물 등 모든 것이 낯설다.

고양이가 낯선 장소에 도착했다면, 천천히 그리고 조심스럽게 익숙해지는 시간이 필요하다. 새로운 고양이가 기존 고양이의 방해를 받지 않고 앞으로 지낼 공간을 조용히 둘러볼 수 있어야 한다. 그러므로 고양이 용품이 거실에 있다면 두 고양이가 번갈아 거실을 사용할 수 있게 해야 한다.

첫 번째 만남을 잘 준비해야 한다. 무엇보다도 편안한 분위기에서 이루어져야 한다. 기쁨이나 분노, 평온함, 긴장과 같은 기분은 고양이에게 전달된다. 보호자가 평온함을 지키는 것이 중요하다. 고양이를 합사하는 과정에서 보호자가 불안감을 내비칠수록 고양이들은 더 흥분한다. 서로에게 다가가는 속도는 언제나 고양이들이 결정해야 한다. 그리고 무엇보다도 보호자의 인내와 공감 능력이 필요하다. 고양이들도 우정을 쌓아나가려면 시간이 필요하다!

고양이 싸움에 집사 등이 터진다

고양이들이 싸울 때 둘 중 하나를 편들거나 '공격하는' 고양이를 혼내면, 보호자가 한 고양이만 편애한다고 오해하기 쉽다. 이것은 두 고양이의 관계뿐 아니라 보호자와 고양이의 관계에도 부정적인 영향을 미친다. 두 고양이가 격렬하게 싸울 때는 한동안 따로 분리시켜 진정하는 시간을 주어야 한다. 서로 물어뜯거나 상처를 입히는 등 부상 위험이 있으면 분무기로 물을 뿌려 둘을 떨어뜨릴 수도 있다. 하지만 대부분은 손뼉을 크게 치거나, 큰 소리를 내는 것으로도 충분하다.

처음 만난 두 고양이가 무섭게 화를 내며 으르렁대고 결국 도망가는 것으로 끝났다고 해도, 고양이는 이 일로 감정이 상하지 않는다. 두 고양이가 서로에게 익숙해지려면 시간이 필요하다. 도망갈 수 있는 환경이 조성되어야 고양이들이 안전하다고 느끼고, 서로 평화롭게 피할 길을 찾기에도 용이하다.

고양이들에게 서로 어울리라고 강요해선 안 된다. 둘에게 같은 방에서 먹이를 주는 것부터 시작하는 것이 좋다. 둘의 밥그릇을 어느 정도 떨어뜨려 놓는다. 고양이들이 두려움이나 공격성 없이 밥을 먹으려 다가간다면, 그릇을 조금 더 가까이 놓는다. 한쪽이 하악질을 한다면, 밥그릇을 원래대로 떨어뜨려놓는다. 어느 정도 시간이 지나면 고양이들이 나란히 밥을 먹게 될 것이다.

Check list

합사를 위한 팁

□ 같은 냄새 '새로운' 고양이를 데려오면, 기존 고양이가 가장 좋아하는 담요로 문질러준다. 그러면 새 고양이는 기존의 고양이를 대면하기 전에 그 냄새에 익숙해질 수 있다.

□ 서열 1위는 언제나 1위 이미 있던 고양이는 오래 전부터 권력을 쥐어왔다. 새로운 가족이 항상 우대를 받는다면 질투가 날 수밖에 없다.

□ 일관성 유지 고양이도 분명한 규칙과 일정한 일과에 안정감을 느낀다.

□ 아주 천천히! 고양이들이 서로 만나고 싶어 하지 않는다면 서로 부딪히지 않게 길을 따로 마련해주어야 한다. 후퇴할 수 있어야 안전하다고 느끼고 새로운 동료를 멀리서 관찰할 수 있다.

□ 모든 것을 두 배로 모든 고양이는 자신만의 '인프라'를 원한다. 밥그릇, 잠자리, 화장실, 보호자의 관심을 두고 경쟁이 벌어지면

서로에게 적대감을 가질 수 있다.

□ 함께 놀기 같이 놀면서 재미있는 시간을 보내면 친해지는 데 도움이 된다. 특히 낚시 놀이는 함께하기에 좋다. 고양이가 새로운 환경에서 놀고 싶어 한다거나 다른 동료와 놀고 싶어 한다는 것은 지금 편안하다는 의미다.

고양이 많은 집에 바람 잘 날 없다

한 마리 혹은 여러 마리 고양이와 어울려 사는 고양이들은 무리 생활을 한다. 사람이 외출하면, 서로 뒤를 쫓으며 뛰어다니거나 장난을 치며 함께 시간을 보낸다. 하지만 무리를 이룬 생활이 재미있기만 한 것은 아니다. 고양이들 사이에 언짢은 일이 있어서 발톱을 세우게 되면 스트레스를 받는다. 싸우는 이유는 다양하므로 세심하게 따져보아야 한다. 갈등이 지속되면 고양이들의 삶의 질과 행복에 상당한 악영향을 미칠 수 있다.

고양이에게 사교란 개처럼 공동의 집단행동을 하는 것이 아니라, 다른 고양이의 존재를 받아들이는 것이다. 그러려면 고양이마다 자기만의 생활용품뿐 아니라 다른 고양이와 부딪치지 않고 피할 수

아기 고양이가 다른 고양이의 영역을 존중하지 않고 너무 가까이 다가가면, 어른 고양이는 따끔하게 경계를 가르치곤 한다.

있는 숨숨집 같은 공간이 많이 필요하다.

고양이에게는 룸메이트를 만날 시점과 시간을 결정할 권리와 원치 않는 관계를 단절하거나 거절할 권리가 있다. 개체마다 필요한 공간의 크기가 다른데, 영역이 좁고 괴롭힘을 당하는 고양이가 도망갈 길까지 막히면, 대부분 싸움이 벌어진다.

서열 싸움과 왕따 문제

다묘 가정에서는 고양이 사이에 서열이 생기는데, 이는 변하기 쉽다. 고양이는 서열에 따라 영역 내에서 더 많은 공간을 차지한다. 가끔 이 합의를 모두가 인정하는지 '검증'하기도 한다. 야생 고양이는 서로 피해 다닐 수 있지만 사람의 집에서는 공간이 한정되어 있다. 집에 고양이가 너무 많거나 숨을 곳이 없거나 도망갈 수 있는 길이 적다면, 문제가 생길 수밖에 없다. 보호자의 눈에 잘 띄지 않게 사소한 트집을 잡는 것부터 시작해서 따돌림과 위험한 싸움을 벌일 수 있다.

서열이 낮은데다 몸이 아픈 고양이는 서열이 높은 고양이에게 밀려 마음대로 돌아다니지 못하거나 휴식 장소에서 물러나게 된다. 상대방이 물러설 때까지 노려보는 것은 자리를 내놓으라는 일반적인 고양이식 의사 전달 방법이다. 푸우 하는 소리를 내거나 앞발로 살짝

고양이가 생선 가게 앞을 그냥 지나칠 수 없다. 보호자가 눈치채지 못한다고 생각하면 고양이는 규칙을 무시한다.

고양이도 손 신호를 이해한다. 집게손가락을 올리는 것은 '정지'를 뜻한다.

내리치는 것도 같은 뜻이다.

때때로 심각한 다툼이 벌어지기도 한다. 이는 집단 전체에 스트레스가 된다. 싸움에 가담하지 않은 고양이는 다툰 고양이들 중 한쪽 편을 들 수 있다. 집단에서 쫓겨난 고양이는 밥이나 물, 화장실과 같이 필요한 것을 마음대로 쓰지 못하고 소파 밑이나 책장 위 같은 곳을 마지막 도피처로 삼곤 한다. 도망간 고양이는 계속 스트레스 상황에 놓이고 사회적 접촉을 피하며 탐험을 하지도 놀지도 않는다. 대소변 실수를 하거나 털이 빠질 때까지 지나치게 털 고르기를 하는 등 심각한 문제로 이어지기 쉽다. 고양이 간의 다툼이 오래되어 교착상태에 빠지고 한 고양이가 겁에 질린 외톨이가 된다면, 그 고양이를 위해서 새로운 가정을 찾는 것도 고려해볼 수 있다.

싸움을 벌이는 고양이다운 이유

고양이는 놀 거리가 부족하거나 지루하면 짜증이 나서 싸움을 벌인다. 하지만 조화롭게 잘 어울리는 고양이 집단에서도 예상치 못하게 충돌이 일어날 수 있다. 공격은 정상적인 고양이의 일상에 속하는 행동이다.

고양이는 공격 목표에 닿지 못하면 다른 대상을 공격하기도 한다. 공격성의 대상이 전환된 것이다. 이와 관련한 전형적인 예는 다음과 같다. 고양이 파울이 창가에 앉아서 정원에서 벌어지는 일을 관찰하고 있다. 그때 갑자기 길고양이가 파울의 영역에 들어와 태연자약하게 걷는다. 창문에 가로막혀 파울은 침입자를 쫓아내지 못한다. 그때 파울의 친구 레나가 햇살을 쬐려고 창문으로 다가오자 파울이 크게 하악질을 하며 레나를 공격한다. 그날 레나의 심신 상태에 따라 그 상황이 더 커다란 다툼으로 번지지 않고 해결될 수도 있고, 한바탕 싸우고 적대적인 분위기를 풍기다가 다시 풀릴 수도 있다.

Check list

고양이들이 사이좋게 지내는 데 도움이 되는 방법

□ 은신처와 밖을 볼 수 있는 창가 등 생활공간을 다채롭게 조성해준다.

□ 밥그릇, 잠자리, 화장실을 두고 다툼이 일어나지 않도록 각자의 용품을 마련해준다.

□ 너무 많은 고양이를 기르지 않는다. 다묘 가정에는 각자 쉴 수 있는 방이 필요하다.

□ 일과를 규칙적으로 유지한다.

□ 고양이마다 좋아하는 놀이를 파악하고 각자 놀이 시간을 정해둔다.

□ 불화를 제때 파악하고 필요한 경우 전문가에게 도움을 요청할 수 있도록 고양이들의 공동생활을 면밀히 관찰한다.

□ 일상적인 싸움에서 누구의 편도 들지 않는다. 항상 공격하는 고양이를 야단치면, 한쪽 편을 드는 것으로 이해해 고양이들의 사이가 나빠진다.

□ 다양한 놀이를 제공한다. 무료해서 좌절한 고양이는 안정된 고양이보다 자주 다툰다.

개와 고양이는 친구가 될 수 있을까?

개는 집단행동이 중요하지만, 고양이는 개체마다 사회적 교류에 대한 욕구가 다르다. 그래서 고양이는 외톨이로 지내기도 하고, 무리를 이루기도 한다. 개는 보호자가 어딜 가든 따라다니기를 좋아하지만, 고양이는 인간 사회와 동물 사회에서 잠깐 벗어나 한숨 돌리는 것을 좋아한다.

개와 고양이가 한집에서 조화롭게 살 수 있는지 여부는 첫 만남에서 대부분 결정된다. 대체로 개는 다른 개나 동물, 사람에게 호기심을 갖고 다가가는 반면, 고양이는 예의 바르게 구는 것을 좋아하고 누군가 치근덕거리며 가까이 다가오는 것을 좋아하지 않는다. 그러므로 개와 고양이가 처음 만날 때는 캣 타워, 서랍장이나 선반 등 고

개는 처음 보는 고양이에게도 호기심을 보이며 다가가지만, 고양이는 낯선 개가 다가오는 것을 반기지 않는다.

퇴로가 차단되면 어쩔 수 없이 공격해야 한다.

양이가 혼자 있을 수 있는 공간을 충분히 확보하는 것이 중요하다. 그래야 고양이의 안전에 대한 욕구가 충족된다. 높은 곳에 올라간 고양이는 개를 위에서 안전하게 관찰할 수 있다. 이는 고양이의 자신감을 강화해준다. 좁은 방에서 개와 고양이가 서로 만났는데 도망갈 길이 없다면 남은 길은 단 하나, 앞으로 나아가는 것이다. 그리고 고양이는 발톱과 이빨을 드러낼 것이다.

각인이 되는 시기에 상대 종을 경험했던 아기 고양이와 강아지가 만나는 경우는 훨씬 수월하다. 힘든 상황은 활발하고 사교성이 좋은 동물과 겁이 많은 동물이 만나는 경우다. 소심한 동물은 다른 동물이 가까이 다가올 때 대개 귀찮게 들볶인다고 느낀다.

첫 만남은 보호자의 보호 아래에서 이루어져야 한다. 개와 고양이가 서로를 받아들이고 익숙해졌다면 둘만 놔두어도 된다. 한 가지 더 유의할 점은, 보호자의 기분 상태가 두 동물의 관계에 긍정적이거나 부정적인 영향을 줄 수 있다는 것이다.

개와 고양이의 신체 언어

똑같은 몸짓이 개와 고양이에게 각각 다른 의미일 수 있다. 이것이 언어 장벽이 될 수 있다. 외국어를 배우려면 많은 시간이 드는 것처럼 처음에는 서로 이해하기 어려울 수 있다.

배를 보이고 누워 있는 자세 🐾 개는 항복할 때 몸을 뒤집는다. 하지만 고양이는 네 발과 날카로운 발톱으로 방어할 준비를 하는 것이다.

앞발 들어 올리기 🐾 고양이가 앞발을 드는 것은 바로 내려치려는 것이다. 개는 관심을 달라고 앞발을 든다. 즉, 친해지자는 뜻이다.

꼬리 흔들기 🐾 개는 편안한 자세로 꼬리를 흔드는 것을 우호적인 태도라고 판단한다. 하지만 고양이가 꼬리를 이리저리 휘젓는 것은 공격하겠다는 뜻이다.

개와 고양이의 싸움

개와 고양이가 처음 만나서 언어 문제를 해결하고 나면, 경쟁을 하게 되고 이 때문에 반목할 수 있다. 개와 고양이는 자기만의 밥그릇, 물그릇, 잠자리, 장난감이 있어야 한다. 많은 개가 고양이 화장실에 큰 흥미를 느끼고 화장실 모래를 자꾸 판다. 이때 보호자는 고양이에게 조용한 사적인 영역을 마련해주어야 한다.

개와 고양이가 같을 필요는 없다. 서로 조심하고 존중하며 다가가면 우정이 피어난다.

보호자의 편애로 인해 개와 고양이 사이에 적대감이 생길 수 있다. 애정 표현은 똑같이 해주어야 한다. 그렇지 않으면 서로 질투하게 된다. 절대로 새로 들어온 동물을 집에 있던 동물보다 좋아한다는 표현을 해서는 안 된다. 개와 고양이가 다투는데 둘 중 하나가 물거나 할퀴어 부상당할 것 같으면 보호자가 개입해야 한다. 반목이 계속되면, 둘을 잠시 따로 떼어놓아서 숨 쉴 틈을 주어야 한다. 그래야 상황이 진정될 수 있다.

개는 우리 집 고양이와 남의 집 고양이를 매우 잘 구분한다. 개에게 우리 집 고양이는 함께 살고 있는 식구이고, 남의 집 고양이는 사냥을 해도 되는 대상이다.

경보 발령 : 전문가의 도움이 필요할 때

- □ 개나 고양이가 숨어 들어가서 밥 먹으러 나오지도 않고 화장실도 가지 않는다.
- □ 부상을 당할 정도로 심하게 싸우는 일이 다반사다.
- □ 개가 잠복해서 고양이를 기다리고 계속 쫓아다닌다.
- □ 고양이가 개를 꼼짝 못하게 한다. 개는 불안한 행동을 보인다.

새로운 가족이 생겼을 때

살다 보면 종종 가족 구성원이 변하기 마련이다. 결혼을 하거나 아기가 태어나는 즐거운 일도 있지만, 아픈 이별을 겪기도 한다. 한 가지는 분명하다. 새로운 일에는 항상 시간이 필요하다는 것이다. 모든 가족 구성원이 변화된 생활환경에 적응해야 하기 때문이다.

많은 보호자가 배우자와 고양이의 첫 만남에 조바심을 낸다. 서로 꺼리고 둘 중 하나가 분란을 일으키면 어떻게 해야 할까? 첫 만남은 앞으로의 생활에 결정적인 영향을 주기 마련이다. 특히 고양이는 낯선 사람이 너무 치근덕거리거나 강압적으로 쓰다듬는 것을 싫어한다.

편안한 만남을 준비하려면 배우자에게 고양이의 성격을 미리 알리고 첫 만남에서 주의할 사항을 일러두는 것이 좋다. 배우자 역시 고

집고양이는 영원히 아이처럼 굴며 보호자의 보살핌과 관심을 요구한다.

양이를 기르고 있다면, 우선 상대방의 고양이 양육에 참견하지 말아야 한다. 더 좋은 것은 다른 고양이와 함께 살기 위한 공동의 규칙을 찾고, 모든 가족 구성원이 시간을 갖고 서로에게 익숙해지는 것이다.

여러 고양이가 함께 조화롭게 살려면, 올바른 사회화뿐 아니라 생활환경의 조성도 중요하다. 다시 말해서, 모든 고양이의 친밀감과 거리, 놀이, 쉬는 시간에 관한 욕구를 존중해주어야 한다. 새로 가족이 된 고양이가 위협적인 대상이 되거나 보호자의 애정과 좋아하는 자리, 먹이를 두고 다투는 경쟁자로 인식되지 않는다면, 중요한 단계는 넘어간 셈이다.

하지만 고양이만 질투하는 것이 아니다. 배우자가 고양이를 우선적으로 생각할 때 사람도 상처를 받는다. 그러면 애정을 능수능란하게 분배하고 배우자와 함께 동물을 돌보아야 한다. 배우자가 놀이와 쓰다듬어주는 일을 도맡아 하고 간식을 주어도 된다면, 경쟁적인 생각이 누그러들 뿐 아니라 배우자와 고양이의 관계에도 도움이 된다.

아기와 고양이: 귀여움도 두 배, 사고도 두 배

고양이가 있는 집에 아기가 태어날 경우, 부부는 어떻게 하면 아기와 고양이가 친해질 수 있을지 고민한다. 몇 가지 기본 규칙만 지키면

이 문제는 간단하게 해결된다.

부모가 될 부부뿐 아니라 고양이도 새로운 가족의 탄생을 받아들일 준비를 해야 한다. 아기와 고양이가 어떻게 생활해야 할지, 어떤 새로운 '규칙'을 세워야 할지 미리 정해야 한다. 침실을 고양이 출입 금지 구역으로 정하는 등의 변화가 아기가 태어나기 몇 달 전에 일어난다면, 고양이는 새로운 규칙을 아기의 탄생과 관련지어 생각하지 않을 것이다.

고양이가 아기 목욕 같은 아기 돌보는 일을 지켜볼 수 있다면, 새로운 가족 구성원에 대한 과한 호기심을 접고 아기를 보다 일상적인 존재로 여기게 된다. 아기와 고양이를 동시에 돌보는 것은 힘이 들지만 불가능한 일은 아니다. 아기가 있을 때 고양이에게 더 많은 관심을 보이면 고양이는 아기를 긍정적인 경험과 연결해서 생각할 것이다. 아기가 깨어 있을 때 고양이를 계속 무시하면, 고양이는 아기를 질투하기 쉽다.

아이들은 작은 아기 고양이를 좋아하고, 동물과의 관계는 아이의 성장과 발달에 긍정적인 영향을 미친다. 아이들은 고양이의 신체 언어를 이해하고 고양이의 요구에 어떻게 반응해야 하는지 빠르게 배운다. 하지만 그 이전에 부모가 아이에게 고양이와 어떻게 지내야 하는지 상세하게 설명해야 한다. 고양이는 예민한 동물이라서 아이

Check list

아이들이 알아야 할 고양이 예절

□ 고양이는 장난감이 아니다! 고양이는 소리에 예민해서 장난감 총이나 시끄러운 음악을 무서워한다.

□ 쓰다듬는 방법을 배워야 한다. 머리에서 꼬리로 털이 자라는 방향으로 쓰다듬어야 하고, 고양이가 싫다는 표현을 하면 바로 그만 둔다.

□ 절대로 꼬리나 털을 잡아당기면 안 된다. 아파서 화가 난 고양이가 발톱과 이빨로 대항할 것이다.

□ 고양이를 안을 때 한 손은 앞다리 사이에 두고, 다른 손은 엉덩이를 받친다.

□ 고양이가 자고 있을 때 깨우면 안 된다.

□ 고양이가 먹고 마실 때는 건드리지 말아야 한다.

□ 고양이가 화장실을 이용할 때 방해해서는 안 된다.

□ 고양이는 거친 놀이를 좋아하지 않는다.

□ 작은 장난감은 고양이가 삼킬 수 있어서 위험하다.

의 행동을 위협적이라고 느낄 수 있다. 대부분의 아이는 사료 주기, 물 주기, 털 빗기 같은 고양이를 돌보는 작은 일들을 기꺼이 도맡아 한다. 그러는 사이 아이와 고양이 사이에 신뢰가 형성되고 아이는 고양이를 책임감 있게 돌보는 법을 배운다.

고양이도 상실을 느낄까?

생활환경에서 벌어지는 스트레스를 반려동물은 아무렇지 않게 지나치지 못한다. 고양이는 예민한 동물이라 부정적인 분위기를 쉽게 감지한다. 보호자나 함께 지내던 고양이가 세상을 떠나면 그로 인한 일상의 변화는 남겨진 고양이를 혼란스럽게 한다. 당황한 고양이는 숨어 지내려고 하기 쉽다.

상실감을 느낀 고양이는 때때로 대소변 실수, 영역 표시, 기물 파손, 관심 요구 같은 행동을 하거나 제멋대로 굴기도 한다. 모든 가족 구성원이 편안하게 지내려면 문제 행동을 보이는 고양이에게 세심하고 책임감 있게 반응해서 가능한 빨리 규칙적인 일상에 복귀할 수 있도록 해야 한다.

고양이는 아파도 티를 내지 않는다. 그래서 보호자가 특별한 주의를 기울여야 한다.

나이든 고양이와 지내는 법

모든 생명체의 욕구와 건강은 나이가 들면서 변화한다. 사람도 노인이라고 다 똑같은 노인이 아니듯, 고양이도 모두 똑같이 나이를 먹지 않는다. 어떤 열 살짜리 고양이는 장난감 쥐를 격렬하게 추격하는 반면, 어떤 일곱 살짜리 고양이는 매일 긴 휴식 시간을 보낸다. 하지만 모든 보호자는 고양이가 노령묘가 되었음을 분명히 알게 되는 시점을 경험한다.

퇴행성 관절염 같은 소모성 질환이 생기면 일어서기, 높은 곳에 뛰어오르기, 입구가 높은 화장실 사용이 힘들어진다. 유연성도 떨어지기 때문에 몸 뒷부분의 털을 고르고 발톱을 관리하기가 점점 어려워진다. 몸을 잘 움직일 수 없고 몸의 상태가 악화되므로 자신의 영역을 높은 곳에서 내려다보려면 방석, 의자, 보조 계단처럼 오르내리는 것을 도와줄 기구가 필요해진다. 기억력과 마찬가지로 청력과 시력도 나빠진다. 밥그릇, 물그릇, 고양이 화장실이 있던 장소에 있지 않으면, 자신이 쓰던 물건을 잘 찾지 못하고 어려움을 겪을 수 있다.

나이가 들면 적응 능력이 떨어지고 익숙한 일과에 변화가 생기면 문제가 생길 수 있다. 나이가 많은 고양이는 더 제멋대로에 불쾌하게 구는 것처럼 보인다. 시끄러운 음악이나 아이들의 놀이 소리 같은 떠들썩한 소음은 노령묘에게 스트레스가 된다. 어린 고양이가 귀

참게 하는 것도 잘 참지 못한다.

노령묘가 뾰루퉁하게 보여도 사랑스럽고 다정한 성격은 여전하다. 노령묘도 보호자의 애정에 감사하고 규칙적인 일과를 중요하게 생각한다. 규칙적인 일과는 '고양이의 세계'에 아무 문제가 없다는 것을 알려주기 때문이다. 정확한 시간에 밥을 먹고, 매일 보호자에게 몸을 부비고, 나이에 맞는 놀이를 하면 안정감을 느끼고 스트레스를 덜 받는다. 노년기는 고양이에게도 생의 새로운 단계다. 고양이의 요구가 변화하지만 새롭고 아름다운 순간들도 펼쳐진다. 나이가 들었다고 고양이가 더는 놀지 않는 것은 아니다. 사람만 고양이가 놀이를 하기에 너무 늙었다고 생각할 뿐이다!

Check list

스트레스의 증상

다음은 사회적 관계 스트레스에 시달리는 고양이가 보이는 증상이다.

□ 과도한 그루밍

□ 과식이나 식사 거부

□ 보호자와 거리 두기

□ 은신처에 계속 숨어 있기

□ 지나친 집착

□ 평소에 좋아하던 놀이에 시큰둥한 반응

□ 시끄러운 울음

□ 불안

□ 문제 행동

공격적인 고양이, 불안한 고양이

거칠게 하악질하고, 할퀴고, 숨어 있다가 공격하는 모습은 공격적으로 보인다. 정반대의 반응은 지나치게 두려워하고, 별거 아닌 일에도 소스라치게 놀라 도망을 치거나 숨는 것이다. 고양이가 이런 행동을 보인다면 원인을 찾아보아야 한다.

왜 공격성을 보이는 걸까?

공격·방어와 위협 행동을 발현시키는 근본 요인을 공격성이라고 한다. 공격 행동은 다양한 상황에서 발생할 수 있고 주변 환경의 영향을 받는다. 하악질하고 할퀴는 고양이는 위협적으로 보인다. 고양이 입장에서는 당연히 겁을 주려고 하는 행동이다. 하악질하고 으르렁대며 발톱을 보였을 때 적절한 거리를 유지하지 못하면 싸움이 벌어진다. 이런 싸움은 공격자뿐 아니라 방어자에게도 위험할 수 있다.

방어적인 공격

방어적인 공격 행동은 다른 개체가 다가오거나 위협할 때 그에 대한 반응으로 나타난다. 불안한 상황에서 적으로 추정되는 대상에게서 자신을 보호하려는 것이다. 새끼를 데리고 있거나 상대와의 거리가 자신이 원하는 정도보다 좁혀졌을 때 공격 의지가 상승한다. 원치 않는 사회적 관계를 거절할 때뿐 아니라 도망갈 방법이 없을 때도 공격으로 맞설 수밖에 없다.

다른 고양이들과 경쟁 상황일 때나 영역 분쟁이 있을 때 라이벌 사이에서 격렬한 싸움이 이어질 수 있다. 공격 의지는 고양이의 영역과 깊은 관련이 있다. 침입자가 영역의 중심에 가까워질수록 공격이 격렬해진다. 집고양이는 집 안의 영역뿐 아니라 자신이 사용하는 물건에 대해서도 소유권을 주장한다.

고양이는 다른 동물이나 사람과 원치 않는 관계를 중단하거나 거절할 권리가 있다고 생각한다. 그래서 나이가 많은 고양이는 아기 고양이가 장난을 치러 다가오면 쉬는데 방해한다고 느끼고 방어적인 공격 행동을 보이곤 한다. 마찬가지로 사람이 고양이가 원치 않는데도 안아 들거나, 놀이나 쓰다듬기를 끝내자는 신체 언어를 무시할 때도 공격적인 반응을 보인다. 종종 무료해서 짜증날 때에도 공격한다. 이와 관련해서는 119쪽에 더 자세하게 설명되어 있다.

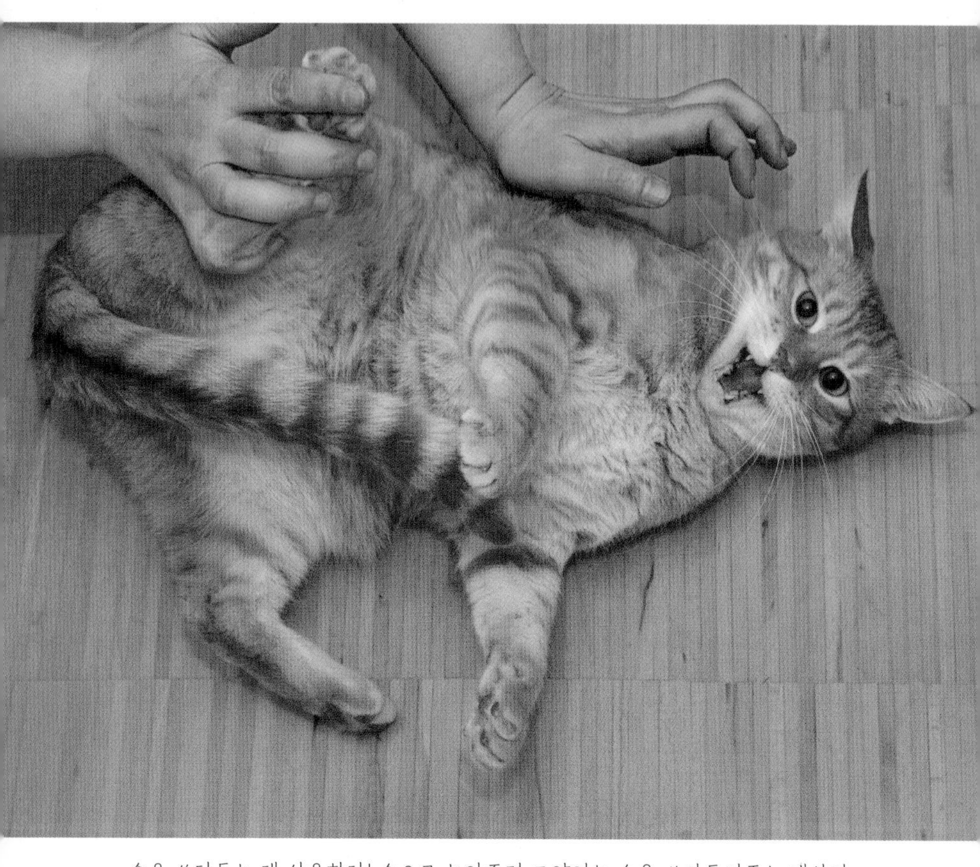

손은 쓰다듬는 데 사용한다! 손으로 놀아주면 고양이는 손을 쓰다듬어주는 대상이 아니라 놀이 대상으로 여긴다.

물지 마!

아기 고양이들이 놀면서 사냥 기술을 습득한다. 고양이가 놀다가 문다면, 보호자는 바로 "아!" 소리를 내서 아프다는 표시를 하고 놀이를 중단해야 한다. 그러면 고양이는 보호자가 무는 것을 좋아하지 않는다는 사실을 배우게 된다. 고양이가 손을 물거나 할퀸다면, 손을 살짝 고양이 쪽으로 밀면 된다. 그러면 고양이가 무는 힘을 줄이기 때문에 손을 빼내기 쉽다. 손을 갑자기 몸 쪽으로 당기면 더 심한 상처가 난다.

선전포고다!

때로 고양이는 방어할 필요도 없는데 다른 고양이나 사람과 다투곤 한다. 자발적으로 선제공격하는 것이다. 다묘 가정에서는 다른 고양에게 그다지 관대하지 못한 고양이가 뚜렷한 이유가 없는 상황에서도 격렬하게 공격하기도 한다. 공격하는 고양이는 아무 거리낌 없이 싸움을 걸고 당하는 고양이가 숨기 전에 또 공격하려고 든다.

특정 신체 부위를 만졌을 때 고양이가 계속 공격적인 행동을 보인다면, 통증으로 인한 공격일 수 있다. 그러면 동물 병원을 방문해 원인을 알아보아야 한다. 충격적인 상황에서도 고양이는 공격적인

짜증나는데 어쩌지? 에너지를 소모하지 못한 고양이는 다른 고양이에게 싸움을 걸곤한다.

반응을 보일 수 있다.

'특발성 공격성'은 심각한 공격 행동으로, 원인을 건강 문제에서 찾을 수 없고 방어적 또는 자발적 공격이라고도 설명할 수 없는 경우다. '분노 증후군Rage syndrome'은 드물게 나타나며 대부분의 경우 공격성의 원인을 찾을 수 없으므로 전문가의 도움을 받는 것이 좋다.

Check list

고양이의 공격성에 관한 A to Z

□ 공격성 이해하기 고양이가 자신 또는 새끼, 자신의 영역을 방어해야 하는가? 경쟁 상황에서 공격성이 드러나는가? 고양이가 궁지에 몰려서 퇴로가 차단되었는가? 고양이가 두려워하거나 아프지 않은가?

□ 공격성 인식하기 고양이의 신체 언어에 주목하라! 고양이는 언제 물거나 발톱을 사용할지 분명하게 알린다. 하악질을 하거나 으르렁거리는 소리를 내는가?

□ 공격성 구별하기 고양이가 다른 고양이나 사람의 행동에 공격적으로 반응하는가? 아니면 먼저 난폭하게 공격해오는가? 장난스러운 공격인가? 어떤 목표를 달성하려고 공격적인 행동을 하는가? 아니면 다른 고양이에 대한 역습인가?

□ 공격 피하기 제대로 놀아주고 바른 자세로 안아주면 고양이는 물고 할퀴지 않는다. 퇴로를 보장하는 것도 혹시 있을지 모를 공격의

가능성을 낮추어준다.

□ 공격성에 대한 올바른 대처 공격적인 고양이가 초래하는 위험을 과소평가해서는 안 된다. 우선 고양이를 쉬게 하고 고양이에게 손대지 말아야 한다.

우리 고양이는 겁이 많아요

"우리 고양이는 겁쟁이에요"라고 말하는 보호자가 매우 많다. 하지만 고양이는 환경 자극에 대한 민감도, 다른 동물이나 사람에 대한 사교성과 친화성 면에서 개체마다 차이가 매우 크다. 고양이가 무서워하는 것은 주로 낯선 사람이나 아이들과의 만남, 소음, 다른 동물, 자동차, 이동장 등이다. 어릴 적에 다양한 경험을 많이 쌓을수록 성묘가 되었을 때 새로운 사람과 동물, 환경에 두려움을 덜 느낀다.

낯선 것에 두려움을 느끼는 것은 당연하다. 하지만 고양이가 가족 중 특정인을 무서워한다면 문제가 있다. 특정인이 가까이 다가올 때 고양이가 그 사람을 피하거나 불안 행동을 분명하게 보인다면, 고양이가 지속적으로 스트레스를 받는다는 의미다. 이런 상황은 '고양

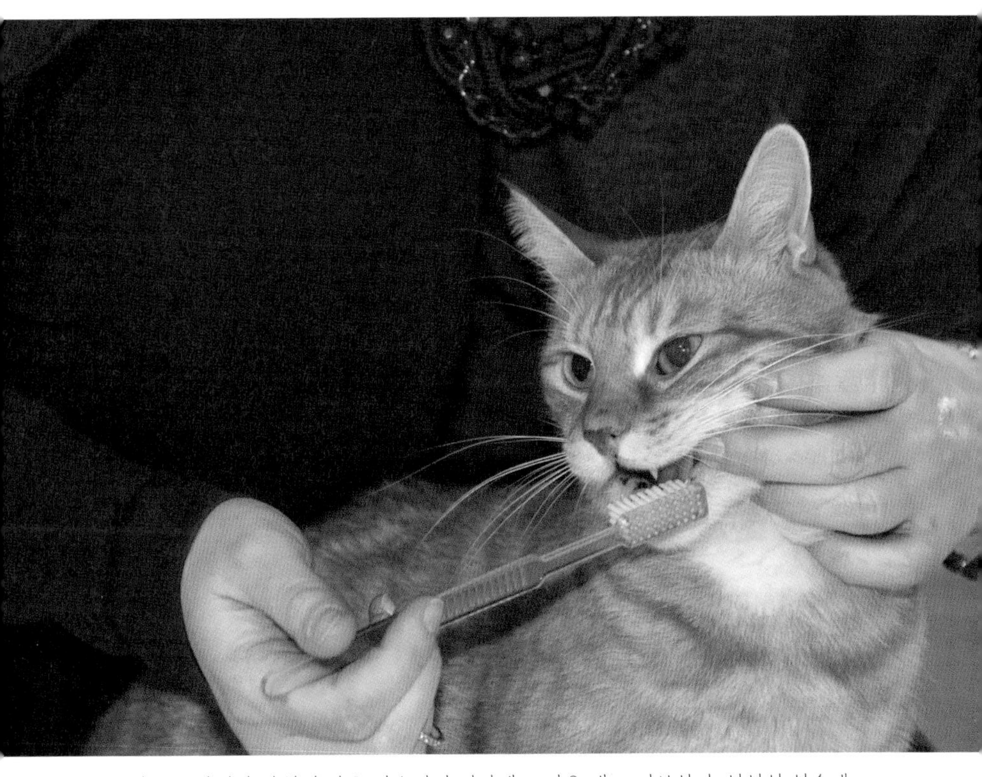

많은 고양이가 양치질 같은 필수적인 일과에도 겁을 내고 거부한다. 천천히 칫솔에 익숙해지게 해주고 좋아하는 맛이 나는 치약을 사용하면 곧 양치질을 안정적으로 받을 수 있게 된다.

이를 두렵게 하는' 사람에게도, 나머지 가족들에게도 부담이 된다.

고양이가 특정인을 무서워한다면 그 사람에게 혼난 경험이 있을지도 모른다. 화장실이 아닌 곳에서 소변을 보았다든지, 긁어선 안 되는 물건을 긁어서 고양이를 묶어놓았다든지, 어떤 이유로 인해 고양이에게 거칠게 행동했을 것이다.

일반적으로 사람들은 쓰다듬어주거나 안아주면 고양이의 불안 행동이 완화될 수 있다고 믿는다. 하지만 이런 행동이 고양이의 의사에 반한다면, 문제는 더 심해진다. 고양이가 무서워할 때 맛있는 것으로 고양이의 관심을 돌리려고 고양이가 싫어하는데도 보상을 주는 경우도 역효과를 부른다.

고양이가 특정인에 대한 두려움에서 벗어나려면, 그 사람과 조화로운 관계를 형성해야 한다. 잘못된 교육을 바로 중단하고 고양이가 찾은 은신처를 인정해주어야 한다.

언제, 어디서, 얼마나 오랫동안 무서운 사람과 접촉할지는 고양이가 결정한다. 고양이를 두렵게 했다면 같이 재미있게 놀아주거나 맛있는 간식을 주며 고양이의 신뢰를 다시 얻도록 노력해야 한다.

노는 게 제일 좋아!

위태로운 관계는 놀이 치료로 극복할 수 있다. 놀이는 보호자와 고양이의 관계를 긍정적으로 바꾸고, 유대를 강화하며, 동시에 고양이의 신체적·정신적 운동 욕구를 만족시킨다. 놀이나 운동 프로그램은 보호자 참여하에 고양이에 맞추어 조정해야 한다. 고양이의 성격, 활동성, 놀이 취향, 생활환경도 고려되어야 한다.

고양이의 불안을 잠재우는 법

둔감화와 역조건 형성은 주로 불안 치료에 사용된다. 둔감화는 고양이가 무서워하는 상황이나 물건에 고양이를 가까이 데려가는 방식으로 이루어진다. 치료에 성공하려면 단계적으로 천천히 진행하는 것이 중요하다. 고양이가 대상과의 거리를 좁히는 단계에서 어정쩡하게 반응하는 정도는 괜찮지만, 불안 행동을 보이면 중단해야 한다.

두려움을 유발하는 대상과 긍정적인 경험을 연결하는 것을 역조건 형성이라고 한다. 예를 들면, 어떤 고양이가 빗질을 싫어해서 보호자가 빗을 들고 다가오기만 해도 방어적인 반응을 보인다고 하자. 빗을 며칠 동안 바닥에 그냥 놔둔다. 고양이가 새로운 물건을 조용히 살펴보게 하고 가끔 맛있는 간식을 그 옆에 놓아둔다. 그런 다음 빗질을 조금씩 시작한다. 처음에는 고양이 등 위로 한두 번만 가볍게 빗질한다. 그러다 보면 빗을 털 안에 넣을 수 있게 된다.

바람직한 행동을 할 때마다 많이 칭찬하거나 간식을 주고, 불안한 행동을 보일 때는 보상을 주지 않는다. 빗질 횟수를 늘려가도 항상 털이 나는 방향으로 살살 빗질한다. 고양이의 반응을 정확하게 관찰해야 한다. 가능하면 고양이가 몸을 틀어 빠져나오려고 하기 전에 빗질을 그만두어야 한다.

이동장이 무서워요

번거로운 과정 없이 조용히 고양이를 이동장 안에 넣는 이상적인 방법은 세상에 없다. 고양이들은 똑똑해서 보호자가 자신을 이동장에 넣으려고 어떤 요령을 사용하는지 빨리 배운다.

고양이가 이동장을 편하게 느끼도록 어릴 때부터 익숙하게 해주는 것이 가장 좋다. 고양이가 새로운 것들을 경험해야 한다면, 우선 고양이가 관심을 갖게 해주어야 한다. 이동장은 문을 열어놓은 채로 며칠에서 몇 주간 집 안에 놓아둔다. 실수로 문이 닫히는 일이 없어야 한다. 가끔 장난감이나 간식을 이동장 안에 넣어둔다. 고양이가

이동장이 영역 내 일상적인 고양이용품이 된다면, 고양이는 무서워하지 않고 면밀하게 탐색할 수 있을 것이다.

들락날락하면서 이동장 안이 위험하지 않다는 것을 깨달으며 점차 익숙해진다.

호기심에 장난감이나 간식을 가지러 이동장 안에 들어갈 때까지 기다린다. 고양이가 자발적으로 이동장에 들어가서 장난감이나 간식을 가져올 수 있다면 그 안이 위험하지 않다는 것을 확인한 셈이 된다.

어느 정도 시간이 지나면 고양이가 이동장 안에 있을 때 몇 초 동안 문을 닫는다. 고양이가 문에 접근하면 바로 문을 열어 나올 수 있게 하고 즉시 칭찬과 간식으로 보상을 준다. 문을 닫는 시간을 점점 늘려가는데, 매우 천천히 진행해야 한다. 고양이가 안에 있을 때 매번 문을 닫지 말고 가끔은 열어놓기도 해야 한다.

여기까지 익숙해졌다면, 고양이가 1~2분 동안 이동장 안에 있을 때 이동장을 들고 조금 움직여본다. 이때 고양이의 신체 언어에 주목해야 한다! 연습의 진도는 고양이가 결정한다. 고양이에게 이동장 안에 머물러 있으라고 강요해서는 안 된다!

하지만 고양이가 동물 병원에서 한 번이라도 불편한 경험을 했다면, 이동장을 보기만 해도 도망가고 발톱을 세우고 저항할 것이다. 이때는 깜짝 놀라게 하는 것이 효과적일 수 있다.

병원에 가기 직전까지 이동장을 고양이의 눈에 띄지 않게 갖고 있다가 고양이를 번개같이 잡아서 이동장 안에 밀어 넣는다. 이때 중요한 것은 병원으로 떠나기 직전까지 가능한 평소처럼 평범하게 행동하는 것이다. 고양이는 신체 언어를 읽는 탁월한 능력이 있으며 사람이 속이려고 할 때 정확하게 알아차린다.

'뒤로 넣는 것'도 효과적이다. 고양이를 엉덩이부터 이동장에 넣는 것이다. 대부분의 고양이는 이 새로운 방식에 깜짝 놀라서 저항을 보이지 않는다. 이동장 안에 고양이를 넣는 일은 대개 두 사람이 함께해야 한다. 한 사람이 고양이를 잡아서 넣고, 다른 한 사람은 이동장을 들고 대기하고 있다가 고양이가 들어가자마자 문을 닫는다.

3장

'소변 테러'가 시작되었다면

현명하게
난관을
극복하는 법

테러와의 전쟁이 시작되다

지금까지 아무 문제가 없었는데 갑자기 엉뚱한 곳에서 고양이의 대소변을 발견했다. 보호자는 아연실색할 수밖에 없다. 어떻게 된 일일까? 이 문제를 어떻게 해결하지?

갑자기 소변 테러가 시작되었다면

고양이는 청결함을 좋아하는 동물로 알려져 있다. 매일 2~5시간을 털 고르기를 하며 보낸다. 타고난 깔끔쟁이라고 할 수 있을 것이다. 어미 고양이는 새끼들을 태어날 때부터 24시간 내내 깨끗하게 보살펴준다. 새끼들이 어미의 젖만 먹는 첫 1주 동안은 소화를 하는 데 어미의 도움이 필요하다. 이 시기에는 아직 괄약근을 조절할 수 없기 때문에 어미가 새끼의 항문 부위를 핥아 대소변을 유도해 제거한다. 어미는 새끼들의 대소변을 먹어서 보금자리의 청결을 유지한다.

생후 3~4주부터 새끼들은 괄약근을 조절할 수 있게 되고, 생후 1개월이 되면 이유식을 먹기 시작한다. 이때가 화장실 사용법을 익힐 시기다. 화장실 교육은 간단하게 이루어진다. 어미가 화장실 사용법을 보여주고 새끼들은 어떻게 모래를 파고 대소변을 보는지 지켜본다. 새끼들은 관찰하고 모방하며 학습한다. 새끼들은 대부분 생후 6주가 되면 보호자가 원하는 대로 대소변을 가린다.

갑자기 집 안에서 소변이나 대변을 발견하고 바닥이나 가구에 자국이 남아 있는 것을 보면 보호자는 화가 난다. 대부분은 가끔 일어나는 일회성 실수지만, 종종 이 문제가 사람과 동물 사이를 오래도록 괴롭히는 발단이 될 수도 있다.

대소변 실수는 고양이가 사람의 집에 살면서 벌어지는 문제 중에서 제일 골치 아픈 문제다. 몇 주에서 몇 개월간 지속되고 몇 년 동안 고쳐지지 않는 경우도 있다.

고양이가 갑자기 화장실을 사용하지 않는다면 건강 문제나 정신적인 문제, 환경 문제가 있다는 뜻이다. 원인이 무엇인지 빨리 파악하는 것이 중요하다. 원인을 파악하고 나면 대개 문제는 예상보다 훨씬 쉽게 해결된다. 하지만 고양이가 화장실을 수 주 넘게 피하고 다른 곳을 화장실로 쓰기 시작하면 습관을 다시 고치기가 점점 어려워진다.

소변 테러인가 마킹인가?

사람과 고양이 모두 스트레스를 받는 상황을 멈추고 관계를 긍정적으로 전환하려면, 우선 소변 테러와 마킹(소변 스프레이)을 구분해야 한다. 소변 테러는 고양이의 일반적인 행동이 아니지만, 마킹은 고양이 간의 의사소통 방법이다. 하지만 때로는 소변 테러와 마킹이 함께 나타날 수 있다. 고양이가 화장실 바로 옆이나 가장자리에 대소변을 누는 경우가 있다. 이런 경우는 화장실을 거의 사용하지 않거나 전혀 사용하지 않는다. 이 경우는 소변 테러로 볼 수 있다. 반대로 마킹이라고 하는 영역 표시를 하는 경우에는 화장실을 계속 이용한다. 대체로 벽 모서리나 가구에 영역 표시를 하고 보호자의 물건이나 새로운 물건에 하기도 한다.

소변 테러는 건강 문제가 아니라면, 대부분 생활환경이 원인이다. 고양이가 영역 표시를 하면 보호자는 못마땅하고 불쾌하겠지만, 고양이에게는 매우 자연스러운 일이다.

소변 테러의 원인?!

고양이가 이전까지 문제없이 쓰던 화장실을 사용하지 않는다면, 이는 고양이에게 도움이 필요하는 뜻이다. 절대로 심술을 부리는 것이

신발에서 바깥세상의 낯선 냄새가 난다. 흥미롭거나 기분 나쁜 냄새다. 많은 고양이가 여기에 마킹을 해야 한다고 생각한다.

아니다. 고양이는 건강에 문제가 있거나 생활환경에 극복하기 어려운 변화가 일어났다는 것을 알리는 것이다.

건강상의 문제 🐾 고양이가 화장실 이외의 장소에 대소변을 볼 때 행동의 원인을 생각하기보다 먼저 해야 할 일은 수의사를 찾아가는 것이다. 건강에 문제가 있어서 대소변 실수를 한다면 심각하게 생각하고 치료를 받아야 한다. 어떤 질병 때문이든 일단 화장실을 기피하기 시작하면, 나중에 완전히 회복한 뒤에도 화장실을 피할 수 있다. 소변을 볼 때 아픔을 느꼈던 부정적인 경험이 화장실 사용과 연결되어 점점 화장실에 부정적인 감정을 갖게 되기 때문이다! 건강상의 문제 때문에 화장실을 피했을 경우, 화장실 위치를 바꾸거나 화장실을 사용할 때마다 칭찬해주는 방법이 별 도움이 되지 않는다. 기존 화장실을 버리고 다른 모양의 화장실로 바꾸어주는 것이 가장 좋다.

환경적인 문제 🐾 고양이는 적응력이 뛰어난 동물로, 어느 정도 스트레스에는 대처할 수 있다. 화장실을 사용하지 않는 정도라면 스트레스 요인이 여러 가지라는 뜻이다. 대소변 문제가 생기기 오래 전부터 문제를 유발하는 작은 사건들이 있었던 것이다. 보호자가 인내와 노력으로 고양이에게 어떤 문제가 있는지 진지하게 살펴야 한다!

Check list

건강 문제 vs. 환경 문제

대장이나 생식기의 질병, 나이에 따른 요실금이 대소변 실수를 유발할 수 있다. 다음 설명 중에서 한 개 이상 해당된다면, 건강검진이 반드시 필요하다!

□ 고양이가 잠자리, 휴식 장소, 식사 장소를 더럽힌다.

□ 잠을 자는 중에 대소변을 눈다.

□ 고양이가 대소변이 나오는 것을 모르는 것 같다.

□ 수년 동안 대소변 실수를 한 적이 한 번도 없다.

□ 대소변을 볼 때 아파하거나 운다.

□ 소변이나 대변에서 피가 나왔다.

□ 고양이가 생식기 부위를 자꾸 핥는다.

□ 눈에 띄는 행동 변화가 있다. 고양이가 활발하지 않고 놀지 않으며 몸을 숨긴다. 매우 불안해 보인다.

□ 물을 자주, 많이 마신다.

□ 설사를 자주 한다.

□ 화장실을 찾지 않는다.

다음과 같은 상황은 고양이에게 스트레스를 주는 환경 문제로, 건강과 상관없이 대소변 문제를 유발하기 쉽다.

□ 고양이의 자연스러운 배설 행동에 대한 지식이 부족하다.

□ 장소, 크기, 청소, 모래, 냄새 등 화장실과 관련된 문제가 있다.

□ 집 구조가 고양이에게 맞지 않다.

□ 소변 자국에 코를 갖다 댄다든지 엉덩이를 때리는 것 같은 처벌을 했다.

□ 보호자와 고양이 사이에 문제가 있다.

□ 이사나 리모델링 같은 환경의 급작스러운 변화가 있었다.

□ 별거나 사망, 새 가족 같은 가족 관계의 변화가 있었다.

□ 보호자의 근무 시간 변경으로 하루 일과가 변했다.

□ 고양이가 화장실을 사용할 때 공포를 일으키고 도망치게 만든 사건이 있었다.

□ 화장실에 갈 때 다른 고양이가 괴롭힌다.

여긴 내 영역이야!

영역 표시가 문제 행동은 아니지만 보호자에게는 이 역시 골치 아픈 문제다. 겁이 많거나 불안한 고양이는 다른 고양이의 소변 스프레이 냄새를 맡을 때, 또는 서열 문제가 있을 때 스프레이를 한다. 중성화되지 않은 고양이는 성적 성숙과 함께 짝짓기 시기에 스프레이를 하는데, 중성화된 고양이도 가끔 스프레이를 한다.

고양이는 먼저 마킹할 곳의 냄새를 맡은 뒤 전형적인 스프레이 자세를 취한다. 즉, 꼿꼿이 서서 꼬리를 수직으로 치켜세우고 꼬리를 부르르 떨며 소변을 분사한다. 대부분 수직으로 서 있는 사물에 소변을 분사하고 보호자의 개인적인 물건이나 새로운 물건에 마킹하기도 한다.

대소변 실수와 달리 영역 표시를 할 때는 화장실을 계속 정상적으로 이용한다. 소변의 양을 보고 대소변 실수인지, 소변 스프레이인지 판단할 수는 없다. 소변을 많이 분사하며 영역 표시를 하는 경우도 있기 때문이다.

냄새를 통한 의사소통은 융통성이 없지만 이점도 있다. 소위 페로몬에 의해서 고양이들은 다른 고양이의 성별, 호르몬 수준, 발정기, 건강 상태를 알 수 있다. 고양이도 개처럼 자신의 힘을 과시하려고 냄새 흔적을 남긴다.

소변 스프레이의 원인

□ 성적 성숙이나 짝짓기 시기 호르몬의 영향

□ 개체 간의 성격 차이

□ 사회적 자극: 다른 고양이와 영역을 나누기 어렵거나 서열을 정리할 때, 다른 고양이가 영역 표시를 했을 때

□ 보호자의 결혼, 가족 일원의 이별, 이사 등 생활환경의 변화

□ 보호자가 무심코 보상을 건네 생긴 이차적인 영향

집고양이라도 밖을 들락날락하는 고양이는 자신의 영역이 있다. 고정된 경계가 있는 것이 아니라 종종 이웃 고양이의 경계와 겹치기 때문에 시간과 공간을 조절해서 서로 마주치지 않게 피한다. 서로 만나서 '나 여기 살아'라는 정보를 다른 고양이에게 전할 기회가 없다면, 냄새로 다양한 정보를 전달한다. 바위, 덤불, 벽 같이 눈에 잘 띄는 곳에 해놓은 표시는 영역 소유자의 정체, 특정 영역에 있다는 정보, 마지막으로 머물렀던 시각, 짝짓기 가능 여부를 전해준다.

여러 고양이가 영역을 공유한다면, 냄새 자극으로 '통과'와 '정지'를 알려 교통정리를 한다. 마킹한 시간에 따라 신호의 의미가 달

고양이는 다양한 방법으로 의사소통을 하며, 함께 지내면서 상대를 포용하거나 무시하는 기술을 터득한다. 그 과정에서 소변 문제가 발생하기도 한다.

라진다. 방금 마킹을 했다면 '정지'를 의미하지만 시간이 지남에 따라 '통과' 표시로 변한다. 수컷 성묘는 돌아다닐 때 자주 스프레이를 하는 반면, 암컷 성묘는 사냥을 할 때 자주 영역 표시를 한다. 이 메시지는 다음과 같이 읽을 수 있다. '나는 한 시각 전에 여기에 왔다. 너는 지나가도 된다!' 또는 '여기에서 정지. 지금 내가 영역 안에 있다.'

고양이 화장실에 관한 모든 것

청결하고 쾌적한 개인 영역. 이것이 고양이가 화장실에 바라는 것이다. 고양이가 화장실을 편안하게 느끼고 사용할 수 있다면 대소변 실수도 예방할 수 있다.

유독 까다로운 고양이의 화장실 사용 습관

다양한 관찰 결과에 따르면, 자유롭게 돌아다니는 길고양이나 야생 고양이는 장소를 정해놓고 언제나 같은 곳에 대소변을 보는 것은 아니지만, 어느 경우에도 자신의 식사 장소나 휴식 장소를 더럽히지 않는다. 그리고 대소변을 절대로 같은 장소에 보지 않고 1~20미터 간격을 둔다. 이런 자연스러운 행동을 통해 사람과 함께 사는 집고양이에게 어떤 생활환경이 적합한지 파악할 수 있다. 제대로 이해했다면, 고양이 한 마리가 깨끗하게 살기 위해 화장실이 두 개 필요하다는 사실을 이해했을 것이다!

고양이가 여러 마리라면 화장실을 머릿수보다 많게, 충분히 설치해야 한다. 외출하는 고양이라 할지라도 외출 시간이 제한되어 있고양이는 넓고 개방되어 사방으로 다닐 수 있는 화장실을 가장 좋아한다.

다면 집에 화장실이 하나 있어야 한다.

넓은 땅에서는 고양이가 대변을 파묻곤 한다. 여기에는 두 가지 이유가 있다. 첫째로 냄새와 기생충 등 병원체가 퍼지는 것을 방지하는 것이다. 둘째로 남의 눈에 띄는 대변은 의사를 전달하는 중요한 역할을 한다. 소변뿐 아니라 대변으로도 영역 표시를 하는데, 이로써 다른 개체와의 원치 않는 만남을 피할 수 있는 시간적·공간적 영역이 정해진다. 따라서 메시지를 전달할 의사가 없다면 대변을 파묻어야 한다. 하지만 건조하고 돌이 많은 지역에 사는 고양이는 대변을 묻지 않는다. 지질 때문에 파묻을 수가 없다.

화장실의 위치: 고양이가 좋아하는 곳에

보호자는 자신의 생활환경을 꾸미는 것에만 신경 쓰면 안 된다. 고양이 화장실의 위치도 신중하게 선정해야 한다. 가장 중요한 것은 사적인 영역을 확보해주는 것이다. 하지만 이것은 말처럼 쉽지 않다. 고양이의 식사 장소, 잠자리 옆이나 가족들이 많이 이용하는 장소는 금물이다. 보호자가 선택한 화장실 장소를 고양이가 마음에 들어 하지 않는 경우도 있다.

간격은 얼마나?

고양이 보호자들은 고양이 화장실을 어느 정도 떨어뜨려 놓아야 하

비밀 파헤치기

어떤 고양이가 대변을 묻지 않는다면, 무리에서 서열이 가장 높아서 자신의 권력을 과시하고 있을 가능성이 크다. 고양이 한 마리가 사는데 대변을 파묻지 않는다면 보호자와 고양이의 관계에 문제가 있음을 의미할 수 있다. 모래 속에서 대변을 긁어모은다면 단순히 냄새가 나서 냄새를 파묻고 싶어 하는 것일 수 있다.

는지 자주 질문한다. 고양이에게 각 화장실은 하나의 장소를 의미하기 때문에 화장실을 가까운 곳에 나란히 놓아도 된다. 한 화장실이 매우 멀리 떨어진 곳에 있다면, 고양이들도 비용편익분석의 결과로 가깝고 편한 화장실만 사용할 것이다. 손쉽게 화장실을 이용할 수 없다면, 편안한 구석이나 카펫이 화장실이 되어버린다.

편리한 접근성

사람만 쉽게 갈 수 있고 쾌적하게 이용할 수 있는 화장실을 원하는 것이 아니다. 고양이도 '조용한 곳'을 원한다. 그렇다고 사람이 잘 가지 않는 구석진 곳이 고양이 화장실을 둘 최적의 장소는 아니다. 고양이 화장실을 지하실이나 다락방으로 치워놓아서는 안 된다. 화장실은 각 층마다 하나씩 있어야 한다. 욕실이나 다용도실에 화장실을 놓는 경우 문을 항상 조금 열어 놓거나 고양이 출입구를 만들어놓아야 한다.

욕조 안이나 다니기 아슬아슬한 곳에 화장실을 놓는다면 고양이에게는 난관이 된다. 보호자 본인이 화장실에 갈 때마다 장애물을 극복해야 한다면 어떨 것 같은지 상상해보라! 고양이도 마찬가지다. 아기 고양이뿐 아니라 관절이 아픈 노령묘에게도 점프는 부담스럽다.

고양이 화장실을 장식장 안에 끼워 넣는 것이 인테리어에는 좋을지 모르지만 고양이에게는 부당한 요구에 불과하다. 가구 안에 불쾌한 냄새가 모이기 때문이다. 게다가 고양이는 가구의 작은 구멍을 통해 화장실로 들어가 좁고 어두운 공간에서 용변을 보아야 한다. 그런 가구를 쓰면 화장실 밖에 모래가 흩어지는 것을 방지한다는 광고는 소비자를 기만하는 것이다. 고양이가 화장실을 가능한 빠르게 벗어나려 하면서 발바닥이나 발톱 사이에 모래를 묻혀서 나온다.

방해받고 싶지 않아!

고양이는 편안하고 조용히 용변을 보길 원한다. 용변을 보는 도중에 방해를 받거나 놀라면 화장실 사용을 꺼리게 될 것이고, 불쾌한 결과로 이어질 수 있다. 화장실을 욕실에 두면 세면대나 샤워기에서 갑자기 물이 튀어 고양이의 기분을 상하게 할 수 있다.

화장실의 모양 : 고양이가 좋아하는 형태

사람이 보기에 예쁘고 인기 있는 화장실이라고 해도 고양이 마음에 들지 않을 수 있다. 그러므로 화장실을 구입할 때는 고양이에게 적합한지를 먼저 고려해야 한다!

화장실의 형태

일반적으로, 화장실은 클수록 고양이가 더 좋아하고 편안하게 느낀다. 최소한 40×50센티미터는 되어야 한다. 고양이가 화장실에서 아주 쉽게 다리를 뻗고 몸을 돌릴 수 있어야 한다. 따라서 고양이의 몸 크기는 최적의 화장실을 선택할 때 매우 중요한 고려 요소다.

고양이는 화장실이 높으면 불안해한다. 이 아기 고양이는 화장실이 마음에 들지 않는 것 같다.

삼각형 화장실은 벽 구석에 놓으면 딱 맞지만, 고양이에게는 자리가 너무 좁아서 부적당하다.

화장실의 크기만큼이나 높이도 중요하다. 아기 고양이나 허약한 노령묘도 힘들여서 올라가지 않아도 되는, 편안하고 쾌적한 화장실을 좋아한다.

후드형? 평판형?

평판형 화장실이 나을까, 아니면 문이 달린 후드형 화장실이 나을까? 평판형 화장실도 주변에 모래가 흩어지지 않게 하는 데 어느 정도 도움이 된다. 하지만 고양이가 화장실을 여러 번 헤집는다면 후드형 화장실이 더 나을 수 있다.

후드형 화장실을 쓴다면 뚜껑의 높이는 고양이가 웅크릴 수 있을 정도로 높아야 한다. 덩치가 큰 수고양이나 메인쿤 같은 종에게는 대체로 후드형 화장실의 높이가 충분하지 않다. 후드형 화장실을 쓴다면 넓이뿐 아니라 높이도 넉넉한 것을 고르는 것이 좋다.

후드형 화장실의 단점은 냄새가 화장실 안에 모여 고양이를 불쾌하게 할 수 있다는 것이다. 그러므로 반드시 매일 화장실을 깨끗이 청소해야 한다! 후드형 화장실에 탈취제로 활성탄 필터를 사용하는

많은 고양이가 후드형 화장실 안의 사적인 공간을 좋아한다. 다만 보호자가 화장실을 깨끗하게 관리해야 한다.

스윙 문이 없으면 화장실에 들어가기 더 쉽다. 또한 화장실 안이 더 밝아지고 환기도 잘 된다.

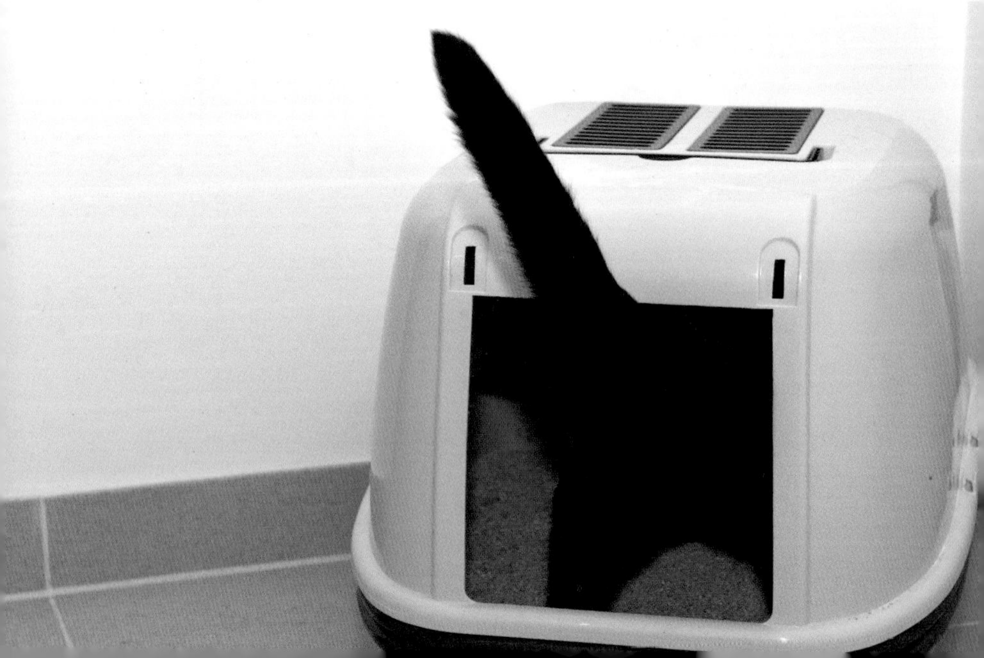

경우 정기적으로 교환해주어야 화장실 안에서 악취가 나지 않는다. 이와 관련해서는 193쪽에 더 자세히 나와 있다.

어린이나 다른 동물이 있는 가정에서는 후드형 화장실이 좋다. 고양이가 원하는 혼자만의 공간이 생기기 때문이다. 화장실의 위생 상태와 생활환경에 별 탈이 없다면 많은 고양이가 후드형 화장실을 아무 문제없이 사용한다.

하지만 여러 마리의 고양이가 함께 사는 경우에는 후드형 화장실의 스윙 문 때문에 문제가 생길 수 있다. 두 마리가 동시에 화장실에 들어가거나 나가려고 할 때 부딪치면 불쾌감을 느끼고 바로 싸움이 일어난다. 그럴 때는 문을 떼어내서 입구가 막히지 않게 하면 간단히 해결된다.

색다른 화장실은 어떨까?

요즘은 갖가지 형태와 색과 크기의 고양이 화장실이 나온다. 단순한 평판형 화장실 외에 이글루처럼 동그란 모양의 화장실, 계단이 있는 화장실, 자동 화장실 등이 있다. 하지만 고양이가 가장 좋아하는 형태는 후드의 유무와는 상관없이, 스윙 문이 없는 사각형 화장실이다!

변기 배변 훈련 키트도 있다. 고양이에게 사람의 변기 사용법을 가르치려면 오랜 기간에 걸쳐 변기에 다양한 키트를 부착해야 한다. 고양이가 변기 사용에 익숙해지면 모래를 사용하지 않아도 되는 장점은 있지만 고양이를 위해 화장실 문과 변기 뚜껑을 항상 열어놓아야 한다. 아기 고양이와 병들고 나이든 고양이는 사람의 변기에 뛰어오르는 것이 어려울 수 있다. 보호자도 고양이가 얼마나 자주 대소변을 보는지, 설사는 하지 않는지, 배설물에 피가 섞여 있지 않는지 확인하기 어려운 것이 단점이다.

화장실 모래 : 보호자 취향보다 고양이 취향이 중요

보호자와 고양이는 화장실 모래를 두고 서로 다른 선호를 보이는 경우가 많다. 보호자는 냄새 차단과 굳기, 먼지, 모래 날림(사막화), 가격 등을 고려하지만 고양이는 쓰기 좋고 편안한지만 생각한다.

고양이가 좋아하는 모래는?

관찰 결과에 따르면, 대부분의 고양이는 어릴 때부터 써온 익숙한 모래를 좋아한다. 하지만 취향만 중요한 것은 아니다. 화장실과 모래를 쓸 때 얼마나 편안한지도 매우 중요하다. 고양이의 발바닥은 매우 예민하다. 촉감이 좋고 고약한 냄새가 나지 않는 모래여야 한다. 소변을 빨리 응고시키고 냄새를 확실히 잡아주는 모래가 후각이 발달한 고양이의 까다로운 요구를 충족시켜준다.

깨끗하고 건조한 화장실만큼이나 중요한 것은 모래를 충분히 채우는 것이다. 모래를 7센티미터 정도 높이로 채우면 고양이가 모래를 긁어모을 수 있고 화장실 바닥에 소변으로 축축이 젖어 개운하지 못한 곳이 생기지 않는다.

시험하지 마세요! 🐾 보호자는 모래 알갱이가 큰 게 좋은지 작은 게 좋은지, 생물학적으로 분해되는지, 냄새를 확실히 잡아주는지 등 많은 고민을 하겠지만, 어떤 모래가 좋은지는 고양이가 결정한다. 반려묘가 좋아하는 모래를 찾았다면 다른 모래는 어떤지 시험해볼 필요는 없다. 고양이가 새로운 모래를 불편하게 느껴서 화장실 사용을 거부하면 대소변 문제가 생기기 쉽다. 방향제나 방취제를 사용해보려고 할 때는 신중해야 한다. 고양이의 코는 예민해서 이런 제품을 좋아하지 않는다.

모래를 교체할 때 🐾 꼭 모래를 바꾸고 싶을 때는 2~3주에 걸쳐 다음과 같이 진행해야 한다. 한 화장실에는 이제까지 사용하던 모래를 그대로 두고 다른 화장실에는 새로운 모래를 채운다. 반려묘는 선

고양이가 무슨 이유인지 알 수 없지만 배설물을 파묻지 않았다.

호하던 모래로 채워진 화장실을 더 자주 사용하거나 새로운 모래로 채운 화장실은 아예 건드리지도 않을 것이다.

고양이가 어떤 모래를 좋아하는지는 각자 취향의 문제다. 고양이가 몇 주가 지나도록 새 모래로 채운 화장실을 사용하지 않으려 한다면, 전에 쓰던 모래로 돌아가거나 다른 모래를 시험해야 한다. 고양이가 새 모래를 무리 없이 사용한다면, 그때 전에 쓰던 모래와 새 모래를 섞어가며 화장실을 천천히 바꾸어야 한다. 며칠 동안 새로운 모래를 점점 더 많이 섞어 넣으면 결국에는 새로운 모래만 써도 별 문제가 없을 것이다.

응고형 vs. 흡수형

고양이 화장실용 모래는 덩어리지는 모래(응고형)와 덩어리지지 않는 모래(흡수형)로 나뉜다. 응고형 모래는 굳으면서 냄새를 잡아주지만, 흡수형 모래는 소변과 냄새를 함께 흡수한다. 매일 고양이 화장실을 청소할 때 모래의 특성에 따라 대소변 덩어리를 꺼내고 모래를 보충한다.

모래의 교체는 당연히 제조 업체와 모래 종류(벤토나이트, 우드 펠릿, 두부 모래, 옥수수, 실리카겔)에 따라 다르다. 화장실을 사용하는 고양이의 수도 중요하다. 제품 설명에 따르면 평균 1~2주 간격으로 모래를 완전히 교체하는 것을 권한다.

보호자가 안 보는 사이 카펫 위에 변을 본 후 잔소리를 듣는 고양이. 왜 사람이 잔소리를 하는지 전혀 이해하지 못하고 있는 것 같다.

화장실이 깨끗하면 기분이 좋거든요

고양이가 외출을 하든 집에서만 살든, 고양이와 살게 되면 하나 이상의 화장실 두고 매일 빼먹지 말고 청소해야 한다. 냄새가 나고 더러우면 고양이는 사용하기 힘든 화장실 대신 집 안의 다른 곳에 대소변을 보게 될 것이다.

집사야 화장실을 치워라

더러워진 모래는 매일 최소한 한 번 버려야 한다. 몇 마리가 이용하느냐에 따라 주기가 달라질 수 있지만 정기적으로 전체 모래를 교체하는 것을 추천한다. 7~10일마다 모래를 바꿔주고 화장실을 깨끗하게 씻은 후 새 모래를 채워야 한다. 모래 높이는 약 7센티미터가 되어야 한다. 모래를 아낀다고 얕게 깔아선 안 된다. 고양이가 모래를 긁어모으는 것을 좋아하기 때문이다.

독한 냄새가 나는 세제나 소독약, 방향제는 사용하지 않는 게 좋다. 고양이는 후각이 예민해 화장실을 가선 안 될 곳으로 생각할 수 있기 때문이다. 그러니 그런 제품에 손 댈 생각은 아예 하지 않는 것이 좋다! 화장실 보조 벽이나 후드는 정기적으로 모래를 교체할 때 따뜻한 물과 중성 세제로 깨끗하게 씻어야 한다.

고양이의 코에는 6,000만~7,000만 개의 후각 세포가 있다. 약 1,000만~3,000만 개의 후각 세포를 가진 사람보다 훨씬 많은 숫자다. 그래서 고양이는 화장실 냄새에 상당히 예민하다! 바닥 난방이 되는 집이라면 반드시 고양이 화장실 밑에 단열재를 놓아야 한다. 바닥이 따뜻해지면 모래에 흡수된 소변도 데워져서 불쾌한 냄새가 날 수 있다. 낡아서 흠집이 생긴 화장실도 흠집 안에 박테리아와 같이 냄새나는 물질이 쌓일 수 있다.

고양이 화장실 모래 청소 방법

고양이 화장실 모래는 지방 자치 단체의 규정이나 고양이 모래 제조사의 설명에 따라 버려야 한다. 고양이의 변이 묻은 모래를 변기에 버리거나 퇴비 더미에 버리지 말아야 한다. 용변이 응고된 모래 덩어리가 하수관에 가라앉아 배수구를 막을 수 있다. 집에서 만드는 퇴비는 온도가 충분히 높지 않아서 고양이 모래에 생기는 박테리아를 완전히 박멸할 수 없다.

화장실 위기 상황 해결법

새로운 가족이나 가구가 들어온다든지, 화장실 모래를 바꾸는 것처럼 생활환경이 변화하면 고양이는 불안해질 수 있다. 그러다 갑자기 화장실이 아닌 곳에서 소변을 발견하게 된다. 그러면 사랑스러운 반려묘가 문제묘가 되어버린다.

매일 곳곳에서 고양이의 소변을 발견하면 보호자는 낙심하게 된다. 어떤 보호자는 고양이를 보호소에 보내야 할지 심각하게 고려해보기도 한다. 하지만 그것은 해결책이 아니다. 보호자는 반려묘가 좋을 때나 나쁠 때나 돌보아야 할 책임이 있다.

고양이님이 싫으시다면 변화는 금물

고양이는 정해진 일과대로 움직이는 습관의 동물이다. 예측 가능한 환경에서 익숙한 일과를 보내는 것을 편안하게 느낀다. 식사 시간이 바뀐다든지 가구를 옮긴다든지 하는 변화가 생기면 고양이에게는 불확실성이 커진다. 사람이 보기에는 중요하지 않은 변화인데 고양이에게는 적응하기 벅찰 수 있고 사나운 반응을 불러일으킬 수 있다.

변화에 대한 고양이의 반응은 매우 다양하다. 어떤 고양이는 변화를 느긋하게 받아들이고, 어떤 고양이는 조용히 혼자서 인상을 찌푸린다. 어떤 고양이는 거세게 대항해 섭식을 거부하고, 대소변으로 화를 표현한다.

혼내면 안 된다

고양이가 대소변 실수를 했을 때 보호자가 고양이의 코를 대소변에 갖다 댄다든지 엉덩이를 때리는 식으로 혼내면, 보호자와 고양이의 관계가 틀어지고 고양이는 불안 행동을 나타내기 쉽다. 고양이에게 화장실에 있으라고 강요한다면, 화장실에 대한 혐오감만 더 심해진다. 고양이는 온 힘을 다해 기분 나쁜 화장실을 피하고 새로운, 하지만 보호자가 보기에는 부적절한 곳을 화장실로 삼을 것이다. 바닥에서 소변을 발견한 후에 야단치는 것도 전혀 도움이 되지 않는다. 고양이는 소변을 누는 순간 꾸지람을 해야 꾸지람이 소변 때문인 것을 알기 때문이다.

고양이가 심술을 부리거나 복수할 생각으로 소변을 보았다고 생각해선 안 된다. 소변 실수는 도움 요청으로 이해해야 한다! 대소변 실수는 고양이를 성가시게 하는 어떤 문제에 대한 반응일 수 있다. 하지만 이 '방해 요인'을 제거한다고 해서 언제나 즉각적으로 문제 행동이 없어지는 것은 아니다. 다음은 고양이의 화장실 문제를 해결할 수 있는 실질적인 방법들이다.

냄새 제거하기

대소변으로 더러워진 곳은 철저하게 청소해야 한다. 세탁기로 세탁할 수 없는 소재나 카펫, 가구에 묻은 소변은 중성 세제와 따뜻한 물로 씻어내야 한다. 암모니아가 함유된 세제는 화학적으로 소변과 유사해서 세제 냄새가 남으면 고양이가 그 자리에 더욱 영역 표시를 하고 싶어 할지 모른다. 고양이가 보호자의 옷이나 개인 물품에 소변 실수를 하기 시작했다면 청소한 후 고양이가 접근하지 못하게 해야 한다.

화장실 습관 바꾸기

고양이가 한동안 카펫이나 마룻바닥을 화장실로 사용했다면 바닥을 화장실로 사용하기 좋아하는 취향으로 바뀌었을 것이다. 그러므로 화장실을 다시 좋아하게 하는 것이 중요하다. 그러려면 화장실을 깨끗하게 하고 소변을 누거나 영역 표시를 했던 곳의 의미를 바꾸어주어야 한다.

영역 표시를 하던 곳에 밥그릇을 놓아서 그곳이 다르게 이용된다는 것을 알려준다. 식사 장소에 영역 표시를 하는 고양이는 거의 없다. 고양이가 다시 화장실을 찾게 하려면 영역 표시를 하던 곳의 표면 상태도 바꾸어야 한다. 한 가지 방법은 알루미늄 포일로 덮어놓는 것이다. 고양이가 화장실로 사용하던 곳에 밥그릇을 놓기 어렵다면 그곳에 고양이 화장실을 추가로 놓는 것도 방법이다.

올바른 화장실 교육법

고양이가 화장실이 아닌 곳에서 소변을 보는 광경을 목격한다면 손바닥을 치며 분명하게 "안 돼"라고 말해야 한다. 제지 행동은 잘못된 행동을 한 직후, 1~2초 이내에 해야만 성공적이다.

꾸지람이 성공했다고 평가할 수 있으려면 고양이가 꾸지람을

알루미늄 포일로 고양이를 놀라게 할 수 있다. 놀란 고양이는 마룻바닥이 화장실로 적합하지 않다고 느낄 것이다.

들은 후 보호자와의 관계가 다시 정상으로 돌아와야 한다. 관계 회복에는 놀이 요법이 효과적이다.

다른 고양이들 때문에 화장실 사용이 불편한 것이 원인이라면, 우선 다묘 가정 문제부터 해결해야 한다. 베란다나 창문에 다른 고양이가 있어서 영역 표시를 해야겠다고 생각하는 고양이가 있다면, 한동안 낯선 고양이를 보지 못하게 막아주어야 한다. 창문 밑부분을 불투명한 시트지 등으로 가려주면 고양이가 방해꾼에게 자극을 받지 않을 것이다.

대소변 실수 프로토콜

대소변 실수의 이유를 밝혀내려면 많은 정보가 필요하다. 언제, 어디서, 얼마나 자주 화장실이 아닌 곳에서 고양이 배설물을 발견하는가? 어디에 영역 표시를 하는가? 보통 고양이가 영역 표시를 하고 싶어 하는 곳은 창문과 문, 창틀과 문틀, 방구석과 벽, 쿠션이 있는 가구, 욕실 매트, 침대 시트, 보호자가 입은 옷, 새로운 물건, 강한 냄새를 풍기는 물건 등이다.

소변 영역 표시의 경우 빈도와 시각도 중요한 역할을 한다. 그러므로 다음과 같은 사항도 꼼꼼히 기록해야 한다. 얼마나 자주 고양이가 영역 표시를 하는가? 특정 요일에만 영역 표시를 하는가? 아니면 여름이나 겨울에만 하는가? 영역 표시가 손님의 방문이나 서열 다툼 같은 사건과 관련되어 있는가? 이런 자료들은 원인을 찾는 데 도움이 된다.

Check list

소변 테러 응급 처치

영역 표시도 대소변 실수와 마찬가지로 건강을 먼저 살피고 생활환경에 부족함이 없는지 확인하고 고양이 화장실을 최적의 환경으로 바꾸어주어야 한다.

1. 병원 방문, 건강 문제가 아닌지 확인

2. 대소변 실수인지 영역 표시인지 분별하기 위해 확인할 것들
   - □ 전형적인 마킹 자세를 취하는가?
   - □ 마킹하면서 화장실은 계속 정상적으로 사용하는가?
   - □ 세탁물이나 다른 물건에 마킹했는가?
   - □ 화장실 밖에 배변을 했는가?
   - □ 고양이가 화장실 밖에서 얼마나 자주 소변을 보는가?

3. 고양이 화장실과 위생 환경

- □ 고양이 화장실의 위치 확인
- □ 고양이 화장실은 충분히 큰가?
- □ 화장실에 붙어 있는 장식물이나 문 제거하기
- □ 화장실을 매일 청소하는가?
- □ 청소할 때 독한 세제나 냄새나는 물질을 사용하는가?
- □ 매주 화장실 모래를 갈아주는가?
- □ 화장실 모래를 다른 제품으로 바꾸었는가?

4. 문제 행동을 벌인 장소에 주목

- □ 화장실 밖 어디에 대소변을 누는가? 언제 어디에서 대소변을 발견했는지 목록을 만든다. 이 목록을 통해 문제 해결에 중요한 정보를 얻을 수 있다.
- □ 대소변으로 더러워진 곳을 깨끗하게 청소했는가? 암모니아가 함유된 세제는 쓰면 안 된다!
- □ 고양이가 특정 장소를 대소변을 보는 곳으로 삼기 시작했는가?
- □ 화장실을 하나 더 설치했는가?
- □ 대소변으로 더러워진 문제의 장소를 포일이나 비닐로 덮었는가?

□ 문제의 장소에서 고양이에게 먹이를 주었는가?

5. 다른 스트레스 요인 알아보기

□ 고양이들 사이에 서열 다툼이 있는가?

□ 고양이가 들어가선 안 되는 금지 구역이 있는가?

□ 고양이가 어떤 식으로든 벌을 받은 적이 있는가?

□ 집 구조에 변화가 있었는가?

□ 고양이와 사람의 관계는 어떠한가? 매일 놀아주는가?

6. 추가적인 조치를 취하거나 전문가에게 문의

□ 냄새를 방지하거나 마킹한 곳의 의미를 바꾼다.

□ 고양이가 계속 마킹하는 물건은 치운다.

□ 놀이 프로그램을 만든다.

4장

먹고 마시는 문제

고양이는
입맛 까다로운
사냥꾼

고양이는 타고난 사냥꾼

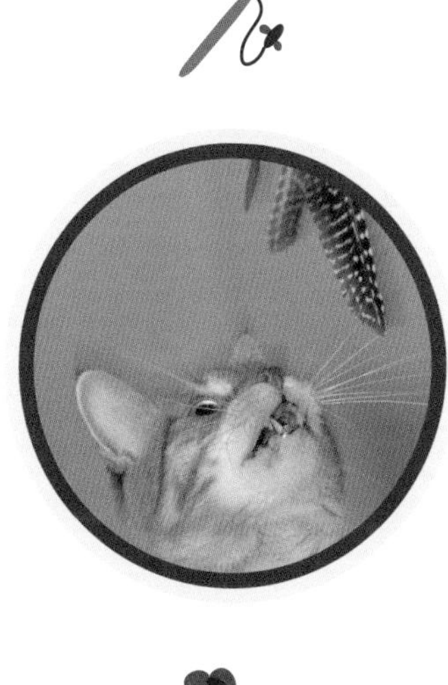

고양이의 욕구 중에는 행동에 관한 것이 많다. 사냥도 이 중 하나다. 고양이는 육식동물이라 사람과 함께 산다고 해도 사냥 욕구를 억누를 수 없다. 사람의 공간에서 생길 수 있는 문제와 바람직하지 않은 사냥 행동에 대해 알아보자.

사냥꾼의 본능

야생에서 자랐든 집에서 보호를 받든, 배가 고프든 부르든, 품종묘든 아니든, 고양이의 피에는 먹잇감을 사냥하는 본능이 흐르고 있다. 애교 많은 고양이가 사냥꾼의 본능에 따라 갑자기 돌변하는 모습은 매우 흥미롭다.

육식 동물에게 사냥은 올바른 행동이다. 고양이는 식량 창고에 해를 끼치는 동물을 민첩하게 쫓는 재주가 있어서 수천 년 전부터 사람과 함께 살게 되었다. 북아프리카에 분포하는 리비아 고양이의 후손으로 여겨지는 오늘날의 집고양이에게도 사냥은 가장 재미있는 활동이다.

사냥 시간

고양이는 이른 새벽에 활동하는 고양이와 밤에 활동하는 고양이로 분류된다. 어둑해지면 사냥하기 좋다. 많은 동물이 이 시간에 쉬느라 쉽게 먹잇감이 된다. 그런데 설치류는 낮에 숨고 밤에 활동하다가 사냥꾼이 다니는 곳에서 마주치게 된다.

고양이는 가정에서 인간의 생활 리듬에 적응하면서 활동 시간이 낮으로 바뀌었다. 어느 시간에 사냥을 하느냐는 개체마다 성별, 서열, 계절에 따라 다를 수 있다. 더운 여름에는 주로 밤에 사냥하는 반면, 얼음이 꽁꽁 어는 겨울에는 한낮이 사냥하기 가장 좋다. 야생 고양이는 하루 24시간 중 최대 8시간을 사냥하며 보낸다(집고양이와 야생 고양이의 생활 방식은 39~40쪽 참조).

사냥감을 찾아서

고양이는 살금살금 접근해서 사냥한다. 최대한 숨어서 눈에 띄지 않게 사냥감에 다가가야 가까운 거리에서 공격할 수 있다. 최대한 접근한 후 전력 질주해 사냥감을 잡는데, 짧은 거리지만 최고 속력은 시속 50킬로미터에 달한다.

긁는 소리, 바스락거리는 소리 같은 청각 신호는 사냥감을 찾는 고양이를 흥분하게 한다. 빠르게 움직이는 목표물을 보는 순간 사냥 행동이 유발된다. 개는 떼를 지어 행동하지만 고양이는 혼자 사냥한다. 사냥감을 추적하고 죽이는 것은 고양이에게 사회적인 행동이 아니다. 고양이의 사냥은 눈에 띄지 않는 것이 가장 중요하다. 기본적으로 두 가지 사냥 방법이 사용된다.

첫 번째는 움직이는 사냥 전략이다. 이 전략은 영역 내에서 먹잇감이 발견되었을 때 사용한다. 주로 우연히 짐승 시체나 쓰레기 같은 먹을 거리나 사냥감을 접했을 때 사용한다.

두 번째는 움직이지 않고 앉아서 기다리는 전략이다. 이 전략은 사냥감이 확실하게 있는 곳에서 사용된다. 고양이는 몸을 숨기고 적당한 사냥감을 기다린다. 고양이는 토끼 새끼, 알을 품고 있는 새, 작은 포유류, 곤충 같은 특정 유형의 먹이를 좋아한다.

사냥과 식사는 아무 관련이 없다. 보호자에게 충분한 음식을 공급받는 고양이도 시각적·청각적 자극을 받으면 사냥을 하고 싶어 한다. 배고픈 고양이가 먹이를 더 많이 잡는다는 증거는 전혀 없다. 하지만 굶주리면 사냥을 잘 하지 못할 거라고 충분히 상상할 수 있다.

사냥 수업

유전적 요인, 사회적 유대, 어린 시절의 경험은 사냥 능력의 발달에 중요한 역할을 한다. 모든 고양이는 사냥에 관한 기본 지식을 갖고 있다. 사냥감을 죽음에 이르게 무는 기술은 타고난 것이다. 사냥감의 머리와 몸통 사이에 가는 부위가 있는 것을 알고, 입을 갖다 대고 뒷목을 문다. 고양이의 강한 턱이 사냥감의 척추에 상처를 입히고 눌러 부스러뜨리면 사냥감은 죽음에 이른다.

하지만 사냥감마다 적용해야 할 정교한 사냥 기술은 배우고 익혀야 한다. 타고난 '기본 프로그램'과 후천적으로 숙련된 행동이 더해지는 것은 유전적인 면에서 경제적이다. 그러면 유전자 코드에 많은 저장 공간이 필요하지 않기 때문이다. 또한 자신이 처한 환경에 맞게 사냥 행동이 발달하는 것이 생존에 유리하다. 지금 어디에 사냥감이 제일 많은가? 어떤 사냥감이 있는가?

연습이 전문가를 만든다

아기 고양이가 뛰어난 사냥꾼이 되려면 몇 가지 정교한 사냥 기술을 익혀야 한다. 어미가 사냥감을 잡는 모습을 관찰하는 것이 첫 단계다. 아기는 모방을 통해 배운다.

고양이는 눈에 띄지 않게 매복하고 있다가 소리 내지 않고 살금살금 다가가 사냥감을 덮친다.

처음에는 어미가 사냥감을 죽여서 보금자리에 있는 아기 고양이에게 가져온다. 생후 4~5주부터 아기 고양이도 가끔 살아 있는 사냥감을 경험해본다. 어미는 사냥감을 죽이지 않은 상태로 입에 꼭 물고 새끼들을 부르는데, 매번 다른 소리를 낸다. 새끼들은 어미가 안 무서운 쥐를 잡았는지, 격렬하게 저항하는 들쥐를 잡았는지 소리만 듣고도 바로 알 수 있다. 어미가 사냥감을 물고 도착하면 새끼들 사이에 멋진 사냥감을 두고 경쟁이 벌어진다. 다양한 수업을 통해 어린 사냥꾼들은 어떤 것을 잡을 수 있는지 판단하고 사냥 기술을 바르게 사용하는 방법을 배운다.

특정 사냥감에 대한 기호는 청소년기에 형성된다. 고양이가 완전히 다 자라면 어릴 때부터 익숙했고 이미 몇 차례 경험해본 사냥감을 가장 잘 잡게 된다. 고양이는 자신의 몸과 비슷한 크기의 사냥감까지 잡을 수 있지만, 대개는 작은 설치류를 선호한다. 시궁쥐같이 크고 억센 동물은 용감하고 경험이 풍부한 고양이만 사냥한다.

사냥한 후에

성공적으로 사냥을 마친 고양이는 3가지 행동을 보인다. 하나는 사냥한 곳에서 먹이를 바로 먹는 것이다. 다른 하나는 잡은 먹이를 산

채로 또는 죽인 채로 집에 가져가는 것이다. 마지막은 사람이 보기에 잔혹할 수 있지만 포획물을 갖고 노는 것이다. 가설에 따르면, 먹잇감을 갖고 노는 것은 갈등 상황에서, 예를 들어 배고픈 고양이가 크고 힘센 먹이를 잡으려는 상황에서 벌어진다고 한다. 고양이가 사냥감을 갖고 놀면 사냥감은 지쳐서 힘이 빠지고 잡기 쉬운 먹잇감이 된다. 이 '놀이'가 끝난 후에 포획물을 죽이고 먹고, 새끼가 있다면 새끼에게 죽이고 먹으라고 넘겨준다. 작은 포유류는 털이 자라는 방향으로 먹고, 새는 잡아 뜯어 먹는다.

고양이는 어떻게 자기 영역을 기억할까?

야생 고양이는 자신의 영역을 두드러진 특징들로 식별한다. 고양이는 시각과 청각 자극에 따라 길을 기억하고 특히 익숙한 소리와 움직임에 주목한다. 그에 따라 뇌에는 소위 '청각 이미지'가 저장되고, 그 이미지를 이용해 멀리까지 이동 방향을 찾는다. 하지만 5킬로미터 이상 멀리 떨어져 있으면 자신의 영역으로 가는 방향을 찾기 어렵다.

에드문트가 박새의 먹이가 멋지다고 생각한다. 박새 먹이통이 높은 곳에 있어서 사람의 도움 없었다면 에드문트는 올라올 수 없었을 것이다.

원하지 않은 선물을 받았다면

사냥할 기회가 있는 고양이의 보호자는 사냥감 '선물'을 받곤 한다. 대부분의 보호자는 죽었거나 아직 살아서 꿈틀대는 사냥감을 문지방에서 발견하고 소스라치게 놀란다.

고양이가 왜 이런 행동을 하는지에 대해서는 다양하게 논의되고 있다. 암고양이는 새끼가 없어도 잡은 동물을 집으로 가져오곤 하는데 어미들이 흔히 하는 행동이기 때문이라고 알려져 있다. 수고양이는 보호자에게 주는 선물로 사냥감을 가져온다고 여겨진다. 보호자가 원하지 않는 선물이라고 해도, 이것 때문에 고양이를 꾸짖어선 안 된다. 보호자가 사냥감을 가져오는 행동을 칭찬한다는 것은 사냥하고 사냥당하는 생태계의 먹이사슬을 인정한다는 뜻이다. 선물은 고양이가 사라지자마자 치우는 것이 바람직하다.

흔히 듣는 조언은 고양이 목에 방울을 달아서 소리로 사냥에 실패하게 하라는 것이다. 하지만 방울은 소리에 민감한 고양이에게 부담이 되므로 권장하고 싶지 않다. 더 좋은 방법은 고양이가 사냥감에게 접근할 수 없게 하는 것이다. 만약 새를 잡으려고 한다면 모이를 먹는 새를 잡으려는 시도를 아예 할 수 없도록 새 모이통을 적당한 높이(최소 2.5미터)에 두거나 고양이가 기어오르지 못하게 장벽을 만드는 등 안전 장치를 해두는 것이다.

집고양이를 위한 사냥 놀이

야생 고양이는 돌아다니면서 계속 변화하는 상황에 직면하기 때문에 새로운 경험을 이해하고 받아들이기 위해 뇌를 더 많이 사용해야 한다. 그에 비해 집고양이는 지능을 개발할 기회가 제한되어 있다. 성장에 필요한 활동과 자극을 충분히 받지 못하면 지능 발달에도 악영향을 미칠 수 있다. 게다가 고양이의 욕구가 무시된다면 집 안에 문제가 생기지 않을 수 없다. 고양이가 무슨 일을 저지를지 모른다. 집에서 이것저것 되는 대로 사냥감을 탐색하곤 하는데 대개 보호자가 허락하지 않는 물건이다. 고양이를 위한 놀이와 운동 프로그램은 보호자와 고양이의 관계에 매우 중요하고 고양이의 삶의 질을 향상시킨다.

사냥 본능을 깨우는 데는 깃털 달린 낚싯대가 가장 적합하다.

놀이는 각자, 개묘차에 따라

자유롭게 돌아다닐 수 없는 고양이에게는 사냥을 대체할 놀이를 제공해주어야 한다. 주의할 점은 그 놀이가 사냥꾼의 본성에 적합해야 한다는 것이다. 즉 사냥감을 잡아서 죽일 수 있어야 한다는 뜻이다. 다른 한편으로는 놀이가 각 고양이의 '개묘차'에 알맞아야 한다. 놀이는 고양이의 본성, 놀이 취향, 건강 상태에 맞게 조정되어야 한다.

자유롭게 돌아다니며 야외에서 사냥 본능을 충족하는 고양이에게는 집에서 하는 가짜 사냥 놀이가 별로 재미없다. 하지만 집고양이에게는 놀이로라도 펄쩍 뛰어오르고, 달리고, 쫓는 시간이 필요하다.

장난감을 고를 때 중요한 기준은 품질, 안전, 기능이다. 불량품이나 쉽게 삼킬 수 있는 부품이 붙어 있거나, 독성이 있는 색상이나 물질이 들어 있는 장난감은 절대로 구입해선 안 된다.

좋은 장난감은 감각을 자극하는 것이다. 고양이는 움직임, 소리, 냄새에 반응하는 사냥꾼이다. 장난감 쥐를 구입하는 경우에는 쥐의 크기에 주의해야 한다. 야생 상태에서 시궁쥐와 같이 큰 설치류는 저항이 매섭기 때문에 싸움을 걸기가 쉽지 않다. 그래서 집고양이도 XL 사이즈의 장난감 쥐는 그다지 좋아하지 않는다. 발로 잡고 어떻게 해보기 어려운 장난감도 거들떠보지 않는다.

고양이에게는 장난감의 수가 아니라 매일 사람과 놀이를 하는 저절로 움직이는 것처럼 보이는 깃털보다 재미있는 것이 있을까?

것이 중요하다. 보호자는 생명이 없는 장난감을 살아 있는 것처럼 움직여서 고양이의 사냥 본능을 깨워주어야 한다. 가장 좋은 것은 낚시 놀이다. 낚시 놀이를 하려면 고양이는 속도, 체력, 반응 능력이 필요하지만 사람은 같이 놀아주고 사냥감을 흉내 낼 공감 능력이 필요하다. 낚시 놀이의 기본은 낚싯대를 고양이에게서 멀리 떨어뜨렸다가 공중에서 휘두르고 바닥을 쓸고 갑자기 올렸다가 동그라미를 그리는 것이다. 이 연속적인 움직임이 고양이의 사냥 본능을 일깨운다.

놀이할 때 주의할 점

절대로 손이나 손가락으로 놀아주면 안 된다. 손을 장난감 삼아 잡기 놀이를 하게 되면 고양이는 사람의 손을 물고 할퀴어도 된다고 배운다.

손전등으로 노는 경우 빛을 따라가는 놀이가 너무 과하면 안 된다. 장난감 쥐 같은 사냥감을 잡았을 때 사냥감에 빛을 비추어주어야 한다. 그러면 고양이는 사냥에 성공했다는 만족감을 느낄 것이다. 레이저 포인터는 고양이와 놀 때 적합하지 않다. 빛 때문에 눈이 상할 수 있기 때문이다.

손이나 발은 사냥감이 아니다. 고양이가 사람을 사냥감으로 생각하는지는 보호자의 반응에 달려 있다

얼마나 놀아주어야 할까?

대부분의 고양이는 본능적으로 놀이를 좋아하며 매우 활동적이다. 야생 고양이는 다양한 활동을 하며 에너지를 소모하지만 집고양이는 충분히 활동할 기회가 부족해서 지루하고 짜증을 내기 쉽다.

특히 친구도 없이 낮에 내내 혼자 지내는 고양이나 신체 활동을 할 기회가 부족한 고양이에게는 다양한 놀이가 필요하다. 움직이는 사물은 고양이가 가장 선호하는 사냥감이라서 놀이가 부족하면 고양이는 보호자를 향해 장난스러운 공격을 하기 시작한다. 발목, 발, 다리, 손, 팔을 잡으려고 하기 시작하면 보호자는 놀라서 소리를 지르거나 다른 데로 관심을 돌리려고 장난감을 던진다. 하지만 이는 올바르지 않은 반응이다. 그런 반응은 고양이에게 보상이 되고, 고양이는 지루한 일상에서 재미있는 놀이를 찾아냈다고 생각할 것이다.

장난스러운 공격은 고양이가 신체적·정신적 에너지를 소진하도록 보호자가 신경을 써준다면 아주 간단하게 해결할 수 있다. 놀이는 매일 5~10분 단위로 여러 차례 하는 것이 좋다.

깃털 낚싯대나 토끼털 막대 같이 상호작용할 수 있는 장난감이 특히 좋다. 안에 들어 있는 사료를 꺼내 먹게 되어 있는 먹이 퍼즐도 좋다.

장난스러운 공격을 막을 수 있는 또 다른 방법은 장난감으로 공격 대상을 바꾸는 것이다. 이렇게 하려면, 고양이가 다리나 팔을 공격하기 전(!)에 시선을 돌릴 장난감을 던져주어야 한다. 실제로 해보면 말처럼 쉬운 일은 아니다. 성공하려면 보호자가 반려묘를 정확하게 알고 반려묘의 행동을 정확하게 판단할 수 있어야 한다. 장난감을 너무 늦게 던지면 고양이는 공격에 대한 보상이라고 생각하고 더 자주 공격 행동을 할 것이다. 보호자가 관대한 사람이라면, 장난으로 공격할 때 큰 소리로 "안 돼"나 "아파"라고 말하고 몇 분 동안 고양이를 무시하는 것도 한 방법이다.

채터링

고양이가 원하던 사냥감을 뒤쫓을 수 없다면, '중얼거리며' 좌절을 표현한다. 창가에 앉아서 날아가는 새를 바라보는 고양이가 바로 그런 모습을 보인다. 유리창에 가로막혀서 사냥할 수 없는데 입에 사냥감을 물었다고 착각하고 물어 죽이 듯 턱을 움직인다. 그러는 중에 중얼거리는 이상한 소리가 난다.

왔다 갔다 하는 사람의 다리만큼 재미있는 것이 있을까? 지루해서 '사람 사냥'에 재미를 붙인 고양이에게는 충분한 놀 거리가 필요하다.

쫓느냐 쫓기느냐

한집에서 함께 사는 고양이들에게 뒤를 쫓는 놀이는 일상이다. 하지만 쫓기는 고양이가 쫓는 고양이보다 서열이 낮아서 항상 사냥감 역할을 해야 한다면 문제가 될 수 있다. 쫓기는 고양이가 방어적인 행동을 하거나 먹고 쉬는 행동에 변화가 생기는 등 스트레스 징후를 보이면 치료를 받아야 한다. 쫓는 고양이에게는 더 재미있고 활동적인 놀이를, 쫓기는 고양이에게는 도망갈 수 있는 길과 숨을 장소를 제공해주어야 관계를 조정할 수 있고 양쪽이 편안하게 지낼 수 있게 된다. 이와 관련해서는 110쪽에 자세하게 설명되어 있다.

밤에 고양이가 놀자고 한다면

고양이가 낮에 에너지를 충분히 소비하지 못하면, 밤 동안 짜증이 폭발한다. 그러면 문이나 가구를 긁고, 이불 밑으로 나온 보호자의 발가락을 공격하는 것을 재미있는 오락거리로 삼는다. 고양이가 사냥의 즐거움을 발견하는 동안, 보호자는 잠을 이루지 못한다.

이때 보호자의 반응이 중요하다. 고양이가 밤에 울거나 사냥 놀이를 하느라 뛰어다닌다고 간식을 주거나 장난감을 던져주는 등 관심을 보여주는 방식으로 제지한다면 앞으로 밤중의 '고양이 노래'와

'사냥 연습'을 더 잘하도록 기반을 다져주는 셈이다. 깜짝 놀라 소리를 지르거나 크게 꾸짖는 것도 사람의 관심을 끌겠다는 고양이를 자극한다. 고양이의 관점에서는 모든 반응이 재미있다. 무료한 일상에 벌어지는 새로운 일은 모두 오락거리가 된다.

고양이가 밤에 놀 때 어떤 식으로든 관심을 끊고 문제 행동을 강화시키지 않아야만 다시 편안한 잠을 기대할 수 있다. 고양이의 바람직하지 못한 행동을 무시하는 것은 문제 행동을 부추기는 즉, 고양이가 보상으로 여기는 보호자의 관심이 사라지는 것이기 때문이다. 고양이는 성공 지향적이라서 사람을 깨우는 것 같은 원하는 바를 이루어내지 못하면 그 행동에 곧 흥미를 잃게 된다.

그러므로 보호자가 명심해야 할 모토는 '밤에 무슨 일이 벌어지든 무시하라!'다. 그러려면 강한 인내력만큼이나 강한 포용력이 필요하다. 고양이가 이제껏 받아왔던 관심을 받지 못하게 되면, 다음에는 더 심한 장난을 칠지 모르기 때문이다.

고양이는 관심받는 것을 좋아한다

고양이는 어떤 행동을 했을 때 보호자의 관심을 끌 수 있는지 빠르게 파악한다. 쳐다보기, 말 걸기, 쓰다듬기, 간식 주기, 꾸지람 등 모든 행동은 고양이에게 보상이 되며 고양이의 동기를 유발할 수 있다. 반응을 보이면 고양이는 관심을 얻으려고 특정 행동을 고집스럽게 반복한다.

고양이는 타고난 미식가

고양이는 육식동물이다. 대개 미식가라서 입맛이 까다롭다. 이 장에서는 밥그릇과 물그릇을 어디에 놓는 것이 좋은지, 식습관에 어떤 문제가 생길 수 있는지 설명한다.

고양이의 식습관에 관한 기본 상식

사람의 보호를 받지 않는 고양이는 스스로 사냥해서 먹이를 구한다. 야생 고양이의 식습관을 살펴보면, 개와 달리 철저하게 육식만 한다. 몸집이 작은 동물은 가리지 않고 먹으며, 먹이의 종류도 쉽게 바꿀 수 있다. 야생 고양이는 매우 다양한 동물을 사냥하고 그중에서 특히 들쥐나 작은 설치류를 선호한다. 어느 곳에 사느냐에 따라 사냥감에 대한 선호도가 다르다. 야생 고양이의 식사 메뉴에는 새·곤충·도마뱀 등이 있고, 인간 근처에서 사는 고양이는 가정의 음식물 쓰레기도 먹는다.

고양이는 먹잇감을 구하면 먼저 잘 살펴본다. 후각·미각·촉각을 사용해 소화할 수 있을지 판단한다. 이 먹이를 먹어도 되는지 결정하

사냥하려고 매복 중인 고양이. 작은 동물을 기다리고 있다.

는 데 냄새가 특별히 중요한 역할을 한다. 냄새가 괜찮으면 먹이를 입술, 혀, 이빨로 먹으려고 시도한다. 고양이가 먹는 모습을 보면 씹을 때의 입 모양에 따라 3가지 방법이 관찰된다.

첫 번째는 입술을 사용하는 방법이다. 혀를 사용하지 않고 앞니로 먹는다. 고양이들이 가장 일반적으로 음식을 먹는 방법이다. 두 번째는 마치 음식 덩어리를 핥으려는 것처럼 혀의 윗부분으로 잡는 것이다. 세 번째는 혀의 아랫부분으로 음식을 잡아서 뒤쪽으로 굴리는 것이다. 페르시아고양이는 먹이를 이런 방법으로 먹는다.

입안에 들어간 음식은 혀·입천장·목구멍에 있는 미각 돌기를 거친다. 고양이는 이 과정에서 맛을 느낀다. 약 9,000개의 미뢰를 가진 사람과 비교하면, 고양이의 미각세포는 약 500개고, 개는 1,700개다.

조금씩 자주 먹는다

고양이는 혼자 사냥하고 다른 고양이와 사냥감을 두고 다투지 않는다. 배가 부를 때까지 서두르지 않고 먹고 나면 나머지는 남긴다. 작은 동물을 사냥하기 때문에 계속 사냥해야 한다. 고양이의 먹이가 쥐밖에 없을 경우, 허기를 어느 정도 잠재우려면 매일 서너 마리는 먹어야 한다. 사냥할 때마다 성공할 수는 없기 때문에, 매일 6~8시간

물고기를 오래 관찰했더니 피곤하다. 고양이가 안전 장치가 된 수조 위에서 쉬고 있다.

은 온전히 사냥하는 데 써야 한다. 야생에서 사는 고양이는 하루에 10~20개의 자잘한 먹이를 찾아 먹는다. 하나를 먹을 때마다 걸리는 시간은 2~3분 정도밖에 되지 않는다. 조금씩 짧게 먹는 습관 때문에 고양이는 미식가처럼 보인다.

밥그릇은 어디에 둘까?

고양이는 먹이를 먹을 때 웅크린 자세를 취한다. 다리는 모으고, 꼬리는 몸 가까이에 두고, 목은 앞으로 뺀는다. 이렇게 먹으면 음식이 식도를 더 쉽게 통과할 수 있다. 밥그릇은 미끄러지지 않게 고정되어 있어야 하고 안전하며 세척하기 간편해야 한다. 밥그릇은 사적인 물건이다. 다묘 가정에서는 고양이마다 하나씩 밥그릇이 있어야 다툼이 벌어지지 않는다. 밥그릇은 조용하고 깨끗한 장소에 두는 것이 가장 좋고, 고양이 화장실 옆에 두어서는 절대 안 된다.

고양이는 습관의 동물

똑같은 일상은 안정감을 준다. 그래서 고양이는 정해진 시간에 먹는 것을 좋아한다. 집 안과 밖을 자유롭게 오가는 고양이도 식사 시간에 정확하게 집에 나타나고, 식사를 통해 집에 소속감을 느낀다. 집 안에 사는 다른 고양이의 식사 시간이 언제인지 안다면 서로 부딪치지 않게 다른 시간에 식사한다.

고양이는 왜 물을 잘 안 마실까?

오늘날 집고양이는 북아프리카 리비아 고양이의 후손으로서 건조한 스텝 지대와 사바나 지역에 살았다. 이와 같은 생활환경에 적응하면서 생긴 신체적 특징이 있다. 고양이는 다른 동물보다 소변을 오래 참을 수 있는 신장을 갖고 있다. 그래서 반사막 지대나 사막에 사는 들고양이는 당분간 물을 마시지 못해도 그럭저럭 살 수 있다.

집고양이도 소변을 오래 참을 수 있지만 신장 건강을 유지하려면 물을 충분히 마셔야 한다. 그래서 고양이가 물을 어떻게 마시는지, 매일 얼마나 마시는지 관찰하고 제때 물을 공급해주는 것이 중요하다. 고양이가 갑자기 물을 너무 많이 또는 너무 조금 마신다면 수의사와 상담하는 것이 좋다.

고양이는 물맛의 차이를 안다. 대다수가 수도꼭지에서 나오는 신선한 물을 좋아한다.

물그릇은 어디에 둘까?

물그릇을 선택할 때도 고려할 사항이 있다. 고양이가 항상 물그릇의 물만 마시는 것은 아니다. 꽃병과 수족관 안의 물이나 수도꼭지에서 떨어지는 물방울도 마신다. 어떤 고양이는 흐르는 물을 좋아하는 반면 어떤 고양이는 받아놓은 지 오래된 물을 더 좋아한다. 고양이가 좋아하는 곳에 물그릇을 놓거나 물그릇을 여러 개 마련해 다양한 장소에 놓으면 고양이가 물을 더 많이 마시게 된다.

일반적으로 고양이가 가장 좋아하는 것은 윗면이 넓고 바닥의 깊이가 다른 물그릇과 고양이 정수기다. 이것들은 물 마시기, 놀이, 관찰을 모두 할 수 있어서 고양이들에게 인기가 있다.

물그릇은 신선한 물을 담아 밥그릇에서 최소한 2미터 떨어진 곳에 두어야 한다. 고양이 화장실에 가까이 있어도 안 된다. 고양이는 밥그릇에서 멀리 있는 물을 좋아한다. 오염되지 않은 안전한 물을 마시기 위해서다. 고양이의 친척인 대형 고양잇과 동물들도 물 마시는 곳을 깨끗하게 유지하고, 그곳에서는 절대로 먹이를 먹지 않는다. 안타깝게도 사람들이 야생 고양이의 행동 방식에 대해 잘 모르기 때문에, 흔히 물그릇과 밥그릇을 나란히 놓는다. 사람은 먹고 마시기를 함께 하지만, 고양이는 둘러보다가 주변 환경과 수질이 모두 마음에 들 때만 물을 마신다.

고양이 정수기를 사용하면 솟아 나오는 물과 고여 있는 물을 골라 마실 수 있다.

물은 매일 얼마나 마셔야 할까

고양이는 한 번에 물을 많이 마시지 않지만 하루에 12~20차례 마신다. 성묘의 경우 몸무게 1킬로그램당 매일 40~50밀리리터를 마셔야 한다. 즉, 몸무게가 5킬로그램이라면 200~250밀리리터의 물을 마셔야 한다. 먹은 음식이나 주변 온도에 따라 음수량은 달라질 수 있다.

좋아하는 음식과 싫어하는 음식

다른 고양이들은 잘 먹는 간식이나 사료를 우리 집 고양이만 거부하기도 한다. 고양이의 기호는 많은 요인에 의해 결정된다. 선천적으로 타고나기도 하고, 살아가면서 획득하기도 하는데 보호자가 자주 주었는지, 얼마나 맛있는지도 영향을 준다.

고양이가 어떤 음식을 좋아하는지는 어릴 때 어떤 경험을 했느냐에 따라 크게 달라진다. 아기 고양이는 대개 어미가 좋아하는 음식을 좋아하고, 나이가 들면 어릴 때 먹었던 음식을 좋아한다.

긍정 혹은 부정적인 경험도 중요하다. 음식은 오랫동안 먹지 않더라도 다시 먹으면 전에 먹었던 기억이 난다. 냄새와 먹이가 서로 연결되어 긍정적으로 인식된다면, 그 음식은 계속 먹게 된다. 반대로 어떤 음식을 동물 병원에서 먹었다든지, 구토나 설사 같은 소화불량을 겪었다든지 해서 부정적인 경험과 연결된다면, 그 음식은 거부할 것이다. 이를 혐오 반응이라고 한다.

고양이는 사료에 대해 빠르게 혐오 반응을 학습할 수 있다. 불쾌한 감각을 연상시키는 단 한 번의 식사로 며칠 동안 해당 음식을 거부할 수 있다. 고양이는 사람처럼 밥을 먹을 때 음식만 맛보는 것이 아니라 그 음식과 관련된 기억을 떠올린다.

고양이의 음식 투정은 크게 두 가지로 나타난다. 첫째, 이제까지 계속 먹어온 사료나 간식을 갑자기 거부하는 것이다. 둘째, 갑자기 특정 사료나 간식만 고집하는 것이다. 이런 경우 고양이에게 다른 종류의 사료를 제공하는 것은 별 효과가 없다.

Check list

고양이가 밥투정을 한다면

잘 먹던 사료를 갑자기 거부한다면 병이 있다는 징후일 수도 있다. 계속 식사를 거부한다면 수의사와 상담해야 한다. 고양이 식욕 부진의 원인은 다음과 같다.

□ 어릴 때 길러진 입맛

□ 부적절한 식기

□ 나쁜 냄새나 소화불량 같은 부정적인 경험

□ 도구적 조건화된 행동 전략(고양이가 음식을 먹지 않았을 때 보호자가 바로 새로운 음식을 주었을 경우)

□ 주양육자 이외의 사람에게 더 맛있는 음식을 얻어먹었을 때

□ 스트레스·절망·정신적 고통 같은 정서적인 문제

□ 노화로 인한 후각 기능 감퇴

□ 의약품으로 인한 후각 기능 저하

Check list

고양이의 식사에 관해 유념할 사항

- □ 고양이의 기호에 맞는 먹이를 주고 나이, 생활 습관, 활동 수준, 민감성, 질병 등을 고려한다.
- □ 습식 사료는 개봉 직후에 급여하고 오래 방치하지 않는다.
- □ 건식 사료는 항상 잘 밀봉하고 적절한 용기에 보관한다. 그렇지 않으면 외부의 냄새가 밸 수 있다.
- □ 고양이는 냉장고에서 나온 차가운 음식이나 따뜻하게 데운 음식을 싫어한다. 고양이가 좋아하는 음식의 온도는 약 섭씨 38도다. 이는 야생에서 잡은 사냥감의 체온이다.
- □ 주양육자 이외의 사람들에게 먹이를 주지 말라고 요청한다.
- □ 고양이가 새로운 음식을 먹고 싶어서 식사를 거부할 경우, 관심을 주지 않는다.
- □ 고양이는 어떤 식이든 강요를 싫어한다. 사료를 준 다음 물러서서 기다린다. 절대로 계속 고양이 앞에 식기를 들이대지 않는다.

앗, 뚱뚱해서 어쩌지?

반려묘에 대한 사랑 때문에 보호자의 눈에는 언제나 고양이가 예쁘게만 보인다. 하지만 건강 문제에 있어서는 비판적인 시각을 가져야 고양이의 비만을 막을 수 있다. 비만은 넘쳐흐르는 활력의 증거가 아니다. 오히려 심혈관 질환, 당뇨병, 관절 통증 같은 심각한 병의 원인이 될 수 있다. 질병 때문에 고양이가 과체중이 될 수도 있지만 일반적으로 운동 부족과 과한 간식 등이 과체중의 주요 원인이다.

건강한 다이어트를 위한 5단계

고양이가 과체중인지 어떻게 알 수 있을까? 고양이를 위에서 내려다

보았을 때 허리가 안 보이거나 가슴을 쓰다듬을 때 갈비뼈가 느껴지지 않는다면 너무 뚱뚱한 것이다. 움직이는 것을 별로 좋아하지 않거나 달리거나 놀 때 빨리 숨이 차는 것도 과체중의 증거다.

수의사의 검진과 다이어트 식단 🐾 체중 감량을 시작하기 전에 심층적인 건강검진을 받을 것을 권장한다. 과체중의 정도에 따라 단계적인 목표를 세워 다이어트 식단을 짜야 한다. 동물 역시 체중 감량은 천천히 이루어져야 하고, 무조건 굶는 것은 금물이다. 전문가들은 일주일에 체중의 1~3퍼센트만 빼는 것이 '건강한' 체중 감량이라고 말한다.

일주일에 한 번 고양이의 체중을 측정하고 기록해야 한다. 그러면 고양이가 천천히 건강하게 살을 빼는지 확인할 수 있다. 일일 급여량을 주방 저울로 정확하게 측정해 너무 많거나 적게 주는 일이 없게 한다.

급여량 조절 🐾 열량은 많이 섭취하면서 에너지를 너무 조금 소비하면 몸무게가 늘어난다. 식탁에서 남은 음식이나 간식 같은 것을 주는 '작은 잘못'도 일일 급여량을 계산할 때 제외하는 것이 예사다. 특히 가족들이 먹을 것을 조금씩 주면 급여량 계산이 더욱 어려워진

Check list

과체중의 원인

- □ 질병
- □ 중성화
- □ 약물 부작용
- □ 정상적인 식사 리듬이 깨졌거나 포만감 조절이 발달하지 못한 경우
- □ 고열량 식이와 과도한 간식
- □ 운동 부족(고양이는 사람의 집에서 사냥할 기회가 없다.)
- □ 스트레스(고양이도 음식으로 스트레스를 푼다.)
- □ 욕구가 충족되지 않는 주변 환경
- □ 심심하거나 우울한 기분
- □ 보호자의 관심 부족이나 보호자와 관계 문제
- □ 밥을 많이 주는 것으로 사랑을 표현하는 보호자의 잘못된 생각
- □ 다묘 가정의 경우, 남의 음식에 대한 질투

다. 활동량이 줄어들거나 나이가 들거나 중성화 수술을 해서 식욕이 줄거나 늘어날 경우 보호자는 반려묘의 상태를 고려해 적합한 사료를 선택해야 한다.

급여할 사료의 양은 고양이가 자유롭게 돌아다닐 수 있는지 아닌지에 따라 달라진다. 자유롭게 활동하는 시간이 길수록, 영역이 넓을수록, 기온이 낮을수록 에너지 요구량이 늘어난다. 사람의 집에서 사는 고양이는 체온을 유지하기 위해 열량을 많이 소비할 필요가 없다. 바깥을 자유롭게 다니던 고양이가 겨울이 시작되자 집에 틀어박혀 있다면 이 역시 열량을 계산할 때 고려해야 한다. 아기 고양이, 노령묘, 병든 고양이에게는 별도의 음식을 주어야 한다.

운동은 필수 🐾 우울할 때 음식으로 마음을 누그러뜨리는 것은 고양이도 마찬가지다. 활동이 부족해서 지루하거나, 스트레스와 두려움을 느낄 때 더 많이 먹게 된다. 신체 활동과 정신적 자극에 대한 욕구를 만족시켜주는 것이 고양이의 체중 조절에 매우 중요하다. 건식 사료는 먹이 퍼즐이나 급체 방지 식기, 스낵 볼 같은 행동 유발 장난감에 주면 재미있게 놀면서 먹을 수 있어 좋다. 놀이에 사용된 사료와 간식의 양도 일일 급여량을 계산할 때 더해야 한다.

다이어트에 좋은 밥그릇

밥그릇 안에 건조 사료를 쫙 펴서 한 층으로 놓으면 고양이는 어쩔 수 없이 하나씩 먹어야 한다. 그러면 사료를 먹는 시간이 느려지고 허겁지겁 먹는 일이 줄어든다. 먹는 속도를 늦추면 식사 시간이 늘어나면서 더 포만감을 느낀다.

반려동물용품점에는 다양한 디자인의 '급체 방지 식기'가 있다. 급체 방지 식기를 사용하면 놀이를 하며 먹을 수 있기 때문에 천천히 먹게 된다. 주로 둥글고 뭉툭한 가시들이 솟아 있거나, 원형이나 물결 모양의 굴곡이 있는 형태다. 이런 식기를 사용하면 사료를 혀나 앞발로 하나씩 꺼내 먹어야 한다.

보호자가 저지르는 실수 🐾 고양이가 다가올 때마다 먹을 것을 달라는 것으로 생각하고 계속 뭔가를 준다면 고양이는 반드시 비만이 될 것이다. 고양이는 다른 동기에서 보호자에게 다가갈 때도 많다. 사회적인 접촉을 하고 싶거나 재미있게 놀고 싶어서 다가갈 수도 있다. 이를 잘못 이해하고 재빨리 간식을 건네주는 보호자가 많다. 고양이와 너무 적은 시간을 보냈다는 양심의 가책도 간식을 던져주며 빨리 잊어버리려고 한다.

계속 먹을 것을 주어서 고양이의 기분을 좋게 해주는 것보다는 함께 놀아주는 것이 좋은 방법이다. 특히 고양이가 과체중이라면, 고양이가 다가올 때마다 간식을 주지 않는 것이 중요하다. 칭찬해주고, 쓰다듬어주고, 놀아주는 것이 훨씬 중요하다. 이런 행동들은 고양이와 보호자와의 관계를 돈독하게 해주고 고양이를 더 움직이게 한다. 사람이나 개와 달리 고양이에게는 식사에 사회적 의미가 없다. 사냥과 식사는 서로 아무 관계없는 행동이다.

고양이의 욕구 존중 🐾 자유롭게 돌아다니는 고양이든 집고양이든 하는 행동은 같다. 숨기, 관찰, 탐색, 영역 표시, 사냥이다. 이런 활동은 고양이의 행복에 중요한 역할을 한다. 집을 꾸밀 때 은신처, 휴식 장소, 전망대, 캣 타워, 놀이터를 설치해 고양이의 천국으로 만들어야 한다. 잊지 말아야 할 것이 있다! 자연에서 사냥하지 못하는 집고양이는 보호자가 반드시 매일 놀아주어야 한다.

놀이는 스트레스의 지표

스트레스에 시달리는 고양이는 활기차게 놀지 않거나 전혀 놀지 않는다. 놀이는 긴장하지 않고 있다는 방증이다. 불안한 마음으로는 놀 수 없다. 성묘는 놀이를 갈등 해결의 전략으로도 사용한다. 놀면서 쌓인 스트레스를 푸는 것이다.

천을 뜯어 먹어요

옷이나 직물을 빨거나 먹는 것은 섭식 장애의 일종으로, '이식증'이라고 한다. 먹을 수 없는 것을 섭취한다는 뜻이다. 보호자가 입어서 땀 자국이 난 옷가지에 이식증을 보이는 고양이도 있는데, 이런 행동은 샴고양이와 버마고양이, 사람에게 지나치게 의존하는 고양이에게서 주로 관찰된다.

고양이가 이식증 행동을 보이는 이유는 그다지 잘 알려져 있지 않다. 동물행동학자들은 어미에게서 너무 일찍 떨어진 새끼나 자극이 부족한 환경에 사는 고양이들이 이런 문제 행동을 보인다고 한다. 하지만 사냥 놀이 시간이 부족하거나 스트레스로 인해 유발된 정형행동이 원인일 수도 있다. 단조로운 환경에서 살아가는 고양이도 이

항상 사료를 쉽게 먹지 않고, 노력을 해서 얻어야 한다.

푸드 퍼즐은 이식증을 보이는 고양이에게도 도움이 된다.

런 문제 행동을 일으킬 수 있다.

이식증 해결하기

고양이가 상습적으로 천을 씹는다면, 고양이에게 맞는 환경과 재미있는 놀이를 제공해주어야 한다. 후추와 같이 불쾌한 맛이 나는 물질을 고양이가 좋아하는 천에 뿌리는 것도 방법이다. 그 물질은 당연히 고양이의 건강에 해가 되지 않아야 하고 독성이 없어야 한다! 더 간단한 방법은 고양이가 씹는 옷이나 직물을 닿을 수 없는 곳에 놓거나 걸어두는 것이다.

고양이를 위한 지능 개발 장난감

간식을 숨길 수 있는 주입구나 박스가 있고 여러 단계의 난이도로 이루어진 장난감은 정신에 활력을 주고 신체적 활동을 자극해준다. 고양이가 간식 냄새를 맡고 발을 노련하게 사용해 먹이를 얻으면 성취감을 느낀다.

시중에 나온 장난감을 사도 되지만 집에 있는 것들을 이용해서도 재미있는 장난감을 만들 수 있다. 신발 상자에 화장지 심을 세워서 채우면 촉각 장난감이 된다. 화장지 심 안에 간식이나 작은 장난감을 넣으면 고양이는 발로 그것을 꺼내야 한다.

명심할 것은, 고양이는 오래 집중할 수 없기 때문에 어려운 과제를 수행할 때는 게임이 빨리 끝나야 한다는 것이다. 보호자는 과제가 끝날 때마다 고양이에게 긍정적인 피드백을 주어야 한다. 고양이가 혼자 과제를 해결하지 못하면, 보호자가 옆에서 도와주어야 한다.

식물을 뜯어 먹어요

야생 고양이는 정기적으로 풀을 먹는다. 풀을 먹으면 헤어 볼이나 소화되지 않은 것들을 쉽게 토해낼 수 있다. 고양이가 풀을 먹는 것은 본능인데, 사람의 집과 정원에는 고양이에게 독이 되는 식물이 많다. 그래서 집고양이가 식물을 뜯어 먹다가 위험에 처하기도 한다. 그러므로 고양이와 함께 사는 사람은 독성이 있는 식물을 키우는 것은 포기해야 한다. 고양이에게 먹을 수 없는 식물을 알아차리는 육감이 있을 거라고 믿고만 있어서는 안 된다.

어린 고양이는 식물은 물론이고 손에 닿는 모든 것을 뜯어 먹는다. 고양이가 뜯어 먹을 식물이 없다면 다른 것을 찾다가 독성이 있는 식물을 뜯을 위험이 있다. 집고양이를 위해서 언제나 캣닙이나 캣

식물을 구입할 때 고양이가 먹어도 되는 것인지 고려해야 한다.

그라스같이 먹어도 되는 식물을 집에 두어야 한다.

고양이에게 위험한 식물을 집에 두고자 한다면 고양이가 접근할 수 없는 곳에 두어야 한다. 고양이가 먹어도 되는 식물을 씹으면 많이 칭찬해주어야 한다. 고양이가 먹어서 안 되는 식물을 먹으려 하는 것을 목격하면 바로 단호하게 "안 돼"라고 말해주어야 한다. 그래야만 그 식물은 먹으면 안 된다는 것을 알 수 있다. 고양이가 풀을 잘못 먹어서 탈이 나고 먹지 말라고 가르쳐도 소용없다면 고양이가 없는 집에 독성 식물을 선물하는 것이 좋다.

위험한 식물

진달래, 디펜바키아, 담쟁이덩굴, 고무나무, 은방울꽃, 필로덴드론, 로도덴드론, 튤립, 칼라, 포인세티아 등 인기 있는 식물 중 다수가 고양이에게 위험하다. 잎에 뿌리는 다양한 광택 스프레이도 마찬가지다. 식물마다 독성이 다르고, 같은 식물도 부위마다 독성에 차이가 있다. 고양이에게 유독한 식물은 위에 열거한 식물만이 아니다. 집에 식물이 있다면 독성 식물 목록을 만들어야 한다. 고양이에게 구토, 설사, 피부 자극 같은 알 수 없는 증상이 발견되면 동물 병원에 데려가야 한다.

Interview

식사에 관한 전문가의 조언

슈테파니 한들Stefanie Handl 박사는 영양과 식이요법을 전문하는 수의사로, 빈에서 영양 상담 센터를 운영하고 있습니다. 반려묘를 위한 올바른 영양 공급에 대해 조언합니다.

Q. 고양이의 식습관은 어떤가요?

A. 일단 고양이는 분명한 육식동물입니다. 동물성 단백질과 지방이 풍부한 음식을 먹으면 신진대사가 잘 이루어집니다. 고양이는 하루에 작은 동물을 여러 마리 사냥하고 중간중간 휴식을 취합니다. 여러 차례 조금씩 먹는 것이 고양이에게 자연스러운 식습관이라는 뜻이지요. 고양이는 물을 잘 마시지 않고, 먹잇감에 함유된 수분만으로 충분합니다. 그리고 고양이는 먹이의 영향을 많이 받습니다. 아기 고양이일 적에 무엇을 '먹을 수 있고', 무엇을 '먹을 수 없는지' 배웁니다. 그래서 나이가 들면 어릴 때 경험하지 못한 음식을 먹기 어렵거나 거부하기도 합니다.

Q. 고양이도 채식을 할 수 있나요?

A. 채식은 고양이에게 옳지 않다고 알려져 있습니다. 고양이가 채식만 하는 것은 불가능합니다. 고양이에게는 동물성 음식에만 있는 몇몇 필수 영양소가 필요합니다. 동물성 단백질, 필수 아미노산, 타우린, 비타민 A, 아라키돈산 등입니다. 동물성 음식을 주고 싶지 않다면 부족한 영양소를 다른 방법으로 보충해주어야 하는데, 그렇게 해서 성공한 경우는 거의 없습니다. 특히 동물성 단백질이 부족하면 바로 고양이의 생명이 위험해질 수 있습니다. 시중에 판매되는 소위 채식 사료는 매우 비판적인 시각으로 보아야 합니다. 믿을 만한 사료 회사에서는 그런 제품을 판매하지 않을 것입니다.

Q. 고양이 사료를 계속 바꿔주어야 하나요?

A. 아니오. 그럴 필요는 없습니다. 다양한 음식이 필요하다고 생각하는 것은 사람입니다. 고양이는 일반적으로 모든 영양소가 골고루 들어 있는 한 가지 사료만 먹습니다. 하지만 대부분의 고양이가 오랫동안 먹어온 사료를 점점 싫어하게 됩니다. 그런 상황을 고려해서 고양이에게 다양한 맛을 보여줄 수 있습니다. 너무 다양한 사료나 타조, 캥거루, 물소 같은 이색적인 사료를 먹여보려고 해선 안 됩니다. 탈이 나면 대안이 없기 때문이지요. 사료 전환을 할 경우는 천천히 하

는 것이 좋습니다. 특히 건식 사료와 생식 같은 매우 다른 주식을 갑자기 바꾸어주면 예민한 고양이는 소화불량을 일으킬 수도 있습니다.

Q. 균형 잡힌 건강한 식사는 어떻게 제공할 수 있을까요?

A. 판매되는 사료를 먹이는 것이 실용적이고 안전할 수 있습니다. 조금씩 여러 차례 먹는 것이 자연적인 식습관에 맞습니다. 사료를 항상 자유롭게 먹을 수 있게 놓아두어선 안 됩니다. 그러면 비만이 될 수 있습니다. 건식 사료를 주로 먹거나 건식 사료만을 먹는 고양이는 물을 충분히 먹는지 신경을 써야 합니다. 고양이가 먹을 수 있는 희석시킨 우유, 크림, 스프 등을 같이 주는 것도 한 방법입니다. 생식을 하고 싶은 보호자는 정통한 전문가와 상담해야 합니다. 그래야 영양 부족이 생기는 실수를 범하지 않을 수 있습니다.

유용한 주소 1

24시간 동물 병원

* 방문 전 확인 필요

서울 강남구	**논현동물병원** 서울 강남구 강남대로118길 47	02-3442-3785
	래이동물의료센터 서울 강남구 남부순환로 2911-1 성보2빌딩	02-556-7588
	24시SNC동물메디컬센터 서울 강남구 논현로 416 운기빌딩 1층	02-562-7582
	24시닥터멍동물병원 서울 강남구 논현로 515	02-554-7505
	봄동물병원 서울 강남구 도곡로 115 거암빌딩	1644-9416
	동물병원다온 서울 강남구 도곡로 174 동물병원다온	02-576-1239
	24시SKY동물병원 서울 강남구 도산대로 155	02-546-2475
	스마트동물병원 신사본원 서울 강남구 도산대로 213	02-549-0275
	이리온동물병원 서울 강남구 도산대로 445 M빌딩	1577-6125
	강남동물병원 서울 강남구 봉은사로 205 상하빌딩	02-514-7582
	중앙동물메디컬센터 서울 강남구 봉은사로 315 미래빌딩 1-3층	02-512-3331
	청담우리동물병원 서울 강남구 삼성동 70-6	02-541-7515
	강남25시동물병원 서울 강남구 학동로 324	02-545-8575
	아이윌24시동물병원 서울 강남구 학동로 437	02-6925-7021
	그레이스동물병원 서울 강남구 학동로6길 18	02-3442-5554

지역	병원명 / 주소	전화번호
서울 노원구	**노원24시N동물의료센터** 서울 노원구 노원로 456 백암빌딩	02-919-0075
서울 동작구	**굿파파24시반려동물건강검진센터** 서울 동작구 사당로 289	02-593-8275
서울 마포구	**산들산들동물병원** 서울 마포구 마포대로16길 7	02-393-3588
	웨스턴동물의료센터 서울 마포구 신촌로 114	02-701-7580
서울 성동구	**24시센트럴동물메디컬센터** 서울 성동구 고산자로 207	02-3395-7975
서울 성북구	**24시애니동물병원** 서울 성북구 보문로 99	02-926-8275
	강북24시N동물의료센터 서울 성북구 삼양로4길 3	02-984-0075
서울 송파구	**잠실25시동물의료센터** 서울 송파구 삼전로 80 남관빌딩	02-419-1351
	송파바로동물병원 서울 송파구 새말로 125 어은회관 102호	02-400-8575
	24시잠실on동물의료센터 서울 송파구 올림픽로 76 J타워	02-418-0724
서울 영등포구	**한가람동물의료센터** 서울 영등포구 도신로 252	02-844-7775
	24시수동물메디컬센터 서울 영등포구 영등포로 85-1	02-2676-7582
서울 용산구	**시유동물메디컬센터** 서울 용산구 이촌로 64길 24	02-793-0075
서울 은평구	**로얄동물병원** 서울 은평구 연서로 137	02-354-0975
	24시치유동물의료센터 서울 은평구 은평로 213	02-6964-8276

지역	병원명 / 주소	전화번호
서울 은평구	**24시스마트동물메디컬센터** 서울 은평구 은평로 93	02-387-7582
	Dr.윤24시동물병원 서울 은평구 통일로 817	02-359-2020
서울 중랑구	**로얄동물메디컬센터** 서울 중랑구 망우로 247	02-494-7582

지역	병원명 / 주소	전화번호
부산	**UN동물의료센터** 부산 남구 수영로 221	051-624-2475
	부산동물메디컬센터 부산 연제구 거제대로 278	051-868-7591
	MS동물병원(등록 환자만) 부산 연제구 과정로 354	051-868-6631
	미소동물병원 부산 진구 가야대로 754 한솔폴라리스 2층	051-894-5433
	부산종합동물병원 부산 진구 중앙대로 867	051-817-4626
	해운대24시동물의료원 부산 해운대구 양운로 45 베르나움상가 1층 101호	051-702-7582
	24H알프동물메디컬센터 부산 해운대구 좌동로 56	051-852-6675
	김준완동물병원 부산 해운대구 해운대로 580	051-704-7582

지역	병원명 / 주소	전화번호
대구	**대구죽전동물메디컬센터** 대구 달서구 달구벌대로 1521	053-563-7575
	탑스동물메디컬센터(12시까지) 대구 달서구 월곡로 291	053-637-7501
	본동물메디컬센터 대구 달서구 월배로 165	053-634-7582

지역	병원명 / 주소	전화번호
대구	**플러스동물의료센터** 대구 북구 중앙대로 526	053-424-2455
	대구24시동물병원 대구 북구 침산남로 61	053-352-8277
	24시범어동물의료센터 대구 수성구 달구벌대로 2354	053-716-7585
	대구동물메디컬센터 대구 수성구 동대구로 36	053-765-7877

지역	병원명 / 주소	전화번호
인천	**계양24시SKY동물병원** 인천 계양구 장제로 708	032-275-7575
	작전동물병원 인천 계양구 장제로694번길 3	032-544-0075
	24시SKY동물의료센터 인천 남동구 구월동 1126-2 거문빌딩	032-715-7959
	24시보보스동물병원 인천 남동구 남동대로 910	032-433-0755
	24시독스동물병원 인천 남동구 남동대로 912 유진빌딩	032-433-0075
	24시소래동물병원 인천 남동구 소래역남로16번길 75 더타워상가 C동 1층	032-438-3227
	24시건국본동물병원 인천 미추홀구 인하로 287	032-864-0075
	부평종합동물의료센터 인천 부평구 부평대로 138 2층	032-511-6836
	부평24시 SKY 동물의료센터 인천 부평구 부흥로 351	032-710-7533
	24시송도힐동물메디컬센터 인천 연수구 컨벤시아대로 55 송도이안상가	032-834-7275

지역	병원	전화번호
광주	**24시동물병원공감** 광주 광산구 장신로 72	062-716-2979
	노아동물병원(월,수,금 10시까지) 광주 남구 대남대로 407	062-363-4860
	24시언제나동물병원(9시까지) 광주 북구 하백로 5	062-571-0011
	24시블루밍동물병원 광주 북구 서강로54번길 50 벽산블루밍 2단지상가 214호	062-416-7975
	광주24시SKY동물메디컬센터 광주 서구 상무대로	062-719-4275

지역	병원	전화번호
대전	**24아프리카동물메디컬센터** 대전 서구 문정로 16	042-486-7581
	마크로24시동물병원 대전 서구 한밭대로570번길 8	042-486-3375
	24시대전동물의료센터 대전 유성구 계룡로 129	042-823-7559
	24시성심동물메디컬센터 대전 유성구 계룡로 131	042-719-7566
	24시대전동물메디컬센터 숲 대전 유성구 한밭대로492번길 16-8	042-826-7584
	센트럴동물병원 대전 중구 계룡로 789 1층	042-719-7779

지역	병원	전화번호
울산	**강일웅동물병원(9시까지)** 울산 남구 돋질로 239	052-257-5887
	울산S동물메디컬센터 울산 남구 삼산로 71	052-707-2475

경기 고양	**헬릭스동물메디컬센터** 경기 고양시 덕양구 중앙로 439 2층	031-978-7575
	24시라인동물의료센터 경기 고양시 덕양구 동송로 70 227-231호	02-381-2475
	24시나음동물의료센터 경기 고양시 일산동구 백마로 223 현대에뜨레보	031-906-7975
	일산동물의료원 경기 고양시 일산서구 대화로 407	031-924-7582
	24일산우리동물의료센터 경기 고양시 일산서구 중앙로 1455 1층	031-913-5550
경기 광명	**24시광명힐동물메디컬센터** 경기 광명시 금하로 464 2층	02-2088-7522
	24아이디동물의료센터 경기 광명시 오리로 870 서희스타힐스빌딩 2층	02-6952-2475
경기 광주	**24시모란동물메디컬센터** 경기 광주시 경충대로 1448	031-765-1100
경기 구리	**24시더케어동물의료센터** 경기 구리시 경춘로 292	031-516-8585
경기 군포	**솔동물의료센터** 경기 군포시 고산로 529	031-345-4500
경기 김포	**김포24시호수동물의료센터** 경기 김포시 김포한강11로 328 더리버뷰 212호	031-8049-0203
	김포24시힐동물의료센터 경기 김포시 김포한강2로 11 쌍용예가 아파트 113동	031-987-7585
	웰케어동물메디컬센터 경기 김포시 풍무로 8	1577-7542
경기 부천	**신세계동물의료센터** 경기 부천시 경인로 212-1	032-614-7588
	24시비엔동물의료센터 경기 부천시 경인로 475	032-345-7559

지역	병원명 / 주소	전화번호
경기 부천	**부천24시SKY동물병원** 경기 부천시 길주로 252	032-323-7579
	24시이지동물의료센터 경기 부천시 부일로 712	032-348-7975
	24시웰니스동물의료센터 경기 부천시 부흥로303번길 62	032-201-7575
	24시아이동물메디컬센터 경기 부천시 소사로 779	032-677-5262
경기 성남	**24시AtoZ동물병원** 경기 성남시 분당구 동판교로 177	031-8016-8206
	24시미래동물의료센터 경기 성남시 분당구 서현로255번길 1	031-705-2475
	24시폴동물병원 경기 성남시 분당구 성남대로 385	031-717-7558
	24시분당리더스동물의료원 경기 성남시 분당구 성남대로 45 2층	031-711-8275
	분당24시동물의료센터 경기 성남시 분당구 야탑로 24	031-605-5119
	해마루이차진료동물병원 경기 성남시 분당구 황새울로 319번길	031-781-2992
	위례24시동물의료센터 경기 성남시 수정구 위례광장로 104	031-758-7599
	캐비어동물메디컬센터 경기 성남시 중원구 산성대로 430	031-741-1799
경기 수원	**24시꿈동물병원** 경기 수원시 권선구 경수대로 411	031-222-7617
	24시숨동물병원 경기 수원시 권선구 권선로 715	031-548-2475
	바른동물의료센터 경기 수원시 권선구 금곡로 213 딜라이트타워 2층	031-291-2475

지역	병원명 / 주소	전화번호
경기 수원	**삼성동물의료센터** 경기 수원시 영통구 덕영대로 1509	031-206-7512
	장안동물병원 경기 수원시 장안구 송원로 81	031-245-8961
경기 시흥	**24시배곧스마트동물병원** 경기 시흥시 배곧3로 86 센터프라자2 2층 213호	031-432-1224
	24시센트럴동물의료센터 경기 시흥시 정왕대로 174 광개토빌딩	031-432-2475
경기 안산	**아프리카동물병원** 경기 안산시 단원구 원포공원2로 35	031-486-7533
	24시온누리동물메디컬센터 경기 안산시 단원구 광덕대로 251	031-487-7500
경기 안양	**다온동물병원** 경기 안양시 동안구 평촌대로 124	031-689-5975
	24시마음든든동물병원 경기 안양시 만안구 경수대로 1234	031-474-2475
경기 양주	**양주24시해든동물의료센터** 경기 양주시 부흥로 1938	031-848-9111
경기 오산	**25시종합동물병원** 경기 오산시 성호대로 97	031-378-1114
경기 용인	**24시쓰담쓰담동물메디컬센터** 경기 용인시 기흥구 중부대로 364 2층	031-548-4480
	광교24시동물의료센터 경기 용인시 수지구 광교중앙로 297 광교2차푸르지오빌딩 D동	031-893-7982
	24시사람앤동물메디컬센터 경기 용인시 수지구 수지로 124 성복스퀘어 2층	031-262-0306
	용인24시메이트동물병원 경기 용인시 수지구 용구대로 2761	031-262-9119
	24시서울YES동물병원 경기 용인시 수지구 현암로 81	031-272-1313

지역	병원명 / 주소	전화번호
경기 용인	**드림24동물병원** 경기 용인시 처인구 경안천로 46	031-335-7582
경기 의정부	**24시IU동물병원** 경기 의정부시 태평로 52	031-871-7588
경기 이천	**24시이천동물의료센터** 경기 이천시 이섭대천로 1342	031-632-7510
	24시큰사랑동물병원 경기 이천시 중리천로 135	031-8011-3690
경기 파주	**파주24시동물병원** 경기 파주시 교하로 87	031-944-5575
	운정24시동물의료센터 경기 파주시 미래로 371	031-935-5675
경기 평택	**24시라움동물의료센터** 경기 평택시 비전5로 20-24 더테라스 2층	031-692-5022
경기 화성	**24시핸즈동물의료센터** 경기 화성시 동탄대로 489	031-8077-2115
	24시동탄월동물의료센터 경기 화성시 동탄반석로 156	031-831-3531
	동탄24시동물의료센터 경기 화성시 동탄지성로 2 206호	031-613-7579

지역	병원명 / 주소	전화번호
강원도	**24시보듬동물병원** 강원 강릉시 경강로 2070	033-655-7975

지역	병원명 / 주소	전화번호
충청북도	**하이응급동물메디칼센터** 충북 제천시 의림대로 41	043-653-7588
	24시청주나음동물메디컬 충북 청주시 상당구 1순환로 1233	043-716-1257
	고려동물메디컬센터 충북 청주시 서원구 사직대로 246	043-275-5677

지역	병원	전화번호
충청북도	**청주24시동물병원** 충북 청주시 서원구 사직대로 256	043-267-4119
	24시청주i동물병원 충북 청주시 충청대로 103	043-214-9975

지역	병원	전화번호
충청남도	**굿모닝24시동물병원** 경기 화성시 동탄대로 489	031-8077-2115
	24시동탄월동물의료센터 충남 천안시 서북구 쌍용대로 43	041-576-7552
	천안동물의료센터 충남 천안시 서북구 충무로 155	041-575-5000

지역	병원	전화번호
경상남도	**더나은동물메디컬센터** 경남 거제시 고현로 116-1	055-716-1175
	양산24시에스동물메디컬센터 경남 양산시 물금읍 증산역로 174	055-382-2475
	24시용동물병원 경남 창원시 성산구 단정로 10	055-286-7511

지역	병원	전화번호
전라북도	**군산24시제일동물병원(12시까지)** 전북 군산시 진포로 73	063-461-5079
	올리몰스동물메디컬센터 전북 전주시 덕진구 송천중앙로 213	063-275-7979
	아프리카24시동물병원 전북 전주시 덕진구 아중로 142	063-247-8875
	수종합24시동물병원 전북 전주시 완산구 백제대로 400	063-273-7272

지역	병원명 / 주소	전화번호
전라북도	**아리랑24시동물의료센터** 전북 전주시 완산구 서원로 294	063-228-5311

지역	병원명 / 주소	전화번호
제주도	**24시뚝뚝뚝동물메디컬센터** 제주시 도령로 129	064-749-7585
	튼튼동물병원 제주시 중앙로 351	064-757-7582

유용한 주소 2

반려동물 장례식장

* 방문 전 확인 필요

강원			
강릉 펫사랑	강원 강릉시	033-645-8888	https://gpetlove.modoo.at

경기도			
펫바라기	경기 고양시	031-976-3179	http://www.petbaragi.com
하늘애	경기 광주시	1588-7166	http://snara.co.kr
해피엔딩	경기 광주시	1899-5127	http://www.wehappyending.com
펫포레스트	경기 광주시	031-761-5171	http://petforest.co.kr
러브펫	경기 광주시	031-796-4341	http://www.러브펫.net
아롱이천국	경기 광주시	031-766-1122	http://arong.co.kr
엔젤스톤	경기 김포시	031-981-0271	http://www.angelstone.co.kr
마스꼬다 휴	경기 김포시	031-989-2444	http://www.mascotahue.com
페트나라	경기 김포시	031-997-4445	http://petnara.co.kr
하이루	경기 김포시	031-984-9922	http://www.hiroopark.co.kr
아이드림펫	경기 김포시	031-996-7444	http://www.idreampet.co.kr
더 고마워	경기 양주시	031-878-7779	http://www.thankyoupet.com
씨엘로펫	경기 용인시	1577-7332	-
리멤버	경기 용인시	080-200-5004	http://리멤버.net
아리아펫	경기 이천시	031-635-2266	http://www.aria.pet
스타펫	경기 포천시	1588-9344	-
강아지넷	경기 화성시	031-296-4441	http://www.kangaji.net
펫오케스트라	경기 화성시	1588-1289	http://www.petorchestra.co.kr
우리반려동물 문화원	경기 화성시	1899-6415	http://www.uripet.co.kr

경상남도, 울산, 부산			
하늘소풍	경남 고성군	055-674-2525	http://1pet.co.kr
시민반려동물 장례식장	경남 김해시	1811-8044	http://siminpet.kr
펫로스 케어	경남 김해시	1522-2253	http://www.petlosscare.co.kr
아이헤븐	경남 김해시	1577-5474	http://iheaven.kr
펫누리	경남 김해시	1566-9399	http://www.becomestars.co.kr
펫노블레스	경남 양산시	055-374-4400	http://www.petnoblesse.com
위드업	경남 양산시	055-374-6503	http://www.merion.co.kr
한별 리멤버파크	경남 함안군	1899-2610	http://hanbyuldog.modoo.at
파트라슈	부산 기장군	051-723-2201	http://www.mypatrasche.co.kr
이별공간	울산 울주군	052-263-2300	http://ebyulplace.ussoft.kr

경상북도, 대구			
더소울펫	경북 구미시	1588-9749	http://www.thesoulpet.com
하얀민들레	경북 청도군	1599-1627	http://www.youngheal.com
대구러브펫	대구 달서구	053-593-4900	http://dglovepet.kr

충청도, 세종			
무지개언덕	세종시	044-863-7075	http://www.무지개언덕.com
좋은친구들	충남 공주시	041-858-4411	http://goodfriend2012.com
리멤버 파크	충남 논산시	041-735-1700	http://www.rememberpark.kr
위드엔젤	충남 예산군	041-332-8787	http://www.withangel.net
에이지펫	충남 천안시	1811-7009	http://www.agpet.co.kr
굿바이펫	충북 제천시	043-642-1537	http://goodbyepet.co.kr

충청도, 세종			
우바스	충북 청주시	1588-6326	http://www.ubas.co.kr
펫로스엔젤	충북 청주시	1577-2518	http://www.petloss-angel.kr

전라도, 광주			
펫바라기	전북 남원시	063-625-3737	http://www.petbaragi.co.kr
늘펫	광주 광산구	062-946-2626	-

고양이는 왜 이러는 걸까?

초판 1쇄 2020년 4월 29일 펴냄
초판 2쇄 2022년 5월 23일 펴냄

지은이 | 데니즈 자이들
옮긴이 | 고은주
펴낸이 | 이태준

기획 · 편집 | 박상문, 김슬기
디자인 | 최진영
관리 | 최수향
인쇄 · 제본 | ㈜삼신문화

펴낸곳 | 북카라반
출판등록 | 제17-332호 2002년 10월 18일

주소 | (04037) 서울시 마포구 양화로7길 6-16 서교제일빌딩 3층
전화 | 02-325-6364
팩스 | 02-474-1413

www.inmul.co.kr | insa@inmul.co.kr

ISBN 979-11-6005-080-6 03490

값 16,000원

북카라반은 도서출판 문화유람의 브랜드입니다.

이 도서의 국립중앙도서관 출판시도서목록(CIP)은 서지정보유통지원시스템 홈페이지(http://seoji.nl.go.kr)와 국가자료공동목록시스템(http://www.nl.go.kr/kolisnet)에서 이용하실 수 있습니다. (CIP제어번호: CIP2020014615)